FORSCHUNGSBERICHTE
DES WIRTSCHAFTS- UND VERKEHRSMINISTERIUMS
NORDRHEIN-WESTFALEN

Herausgegeben von Staatssekretär Prof. Dr. h. c. Leo Brandt

Nr. 385

Prof. Dr.-Ing. Herwart Opitz
Dr.-Ing. Heinrich Axer
Dipl.-Ing. Helmut Rohde

Zerspanbarkeit hochwarmfester und nichtrostender Stähle

Teil II

Als Manuskript gedruckt

SPRINGER FACHMEDIEN WIESBADEN GMBH 1957

ISBN 978-3-663-19911-3   ISBN 978-3-663-20254-7 (eBook)
DOI 10.1007/978-3-663-20254-7

Forschungsberichte des Wirtschafts- und Verkehrsministeriums Nordrhein-Westfalen

Gliederung

Einführung	S. 5
Das Bohren und Gewindebohren hochwarmfester Werkstoffe	S. 5
1. Einleitung	S. 5
2. Werkzeugverschleiß, Schnittkräfte und empirische Gesetzmäßigkeiten zur Ermittlung der Werkzeug-Standzeit beim Bohren und Gewindebohren	S. 5
2.1 Bohren (1, 3, 5)	S. 5
2.2 Gewindebohren (4-7)	S. 12
3. Versuchsdurchführung	S. 15
3.1 Versuchswerkstoff: Analysen, Wärmebehandlungen, technologische Eigenschaften	S. 15
3.2 Versuchsbereich und Versuchsbedingungen	S. 15
3.3 Versuchswerkzeuge	S. 18
3.4 Versuchsmaschine	S. 19
3.5 Meßgrößen und Meßgeräte	S. 19
4. Versuchsergebnisse	S. 20
4.1 Bohren hochwarmfester Werkstoffe	S. 20
4.11 Versuchsergebnisse für Schnellarbeitsstahl-Spiralbohrer 12 mm ⌀	S. 22
4.111 Vergleich der Versuchsergebnisse beim Bohren hochwarmfester Werkstoffe mit SS-Spiralbohrer 12 mm ⌀	S. 35
4.12 Versuchsergebnisse für das Bohren hochwarmfester Werkstoffe mit HSS-Spiralbohrern der Durchmesser 8,4 8,6 und 8,8 mm ⌀	S. 38
4.2 Gewindebohren hochwarmfester Werkstoffe	S. 43
5. Vergleich der Ergebnisse beim Drehen und Bohren	S. 63
6. Zusammenfassung	S. 69
7. Literaturverzeichnis	S. 70
Zusammenstellung der Abbildungen	S. 71

Forschungsberichte des Wirtschafts- und Verkehrsministeriums Nordrhein-Westfalen

Einführung

Im ersten Teil dieses Forschungsberichtes (Bericht Nr. 351 des Wirtschafts- und Verkehrsministeriums des Landes Nordrhein-Westfalen) wurde über Drehversuche an 13 hochwarmfesten austenitischen Werkstoffen mit Hartmetallwerkzeugen berichtet. Für einen Teil dieser Werkstoffe wurden weitere Untersuchungen beim Bohren und Gewindebohren durchgeführt. Die Ergebnisse dieser Versuche sind im vorliegenden Bericht zusammengestellt.

Das Bohren und Gewindebohren hochwarmfester Werkstoffe

1. Einleitung

Die ständig wachsenden Anforderungen an die Bauteile von Gasturbinen, Strahltriebwerken und Hochdruckkesseln hinsichtlich der ertragbaren Temperaturen haben zu Werkstoffen geführt, die durch Zulegieren verschiedener Elemente, vor allen Dingen Chrom, Nickel und Kobalt, diesen Beanspruchungen gewachsen sind. Um eine wirtschaftliche Bearbeitung zu ermöglichen, ist die Kenntnis zweckmäßiger Bearbeitungsbedingungen von besonderer Wichtigkeit. Aus diesem Grunde wurde mit Unterstützung des Wirtschafts- und Verkehrsministerium des Landes Nordrhein-Westfalen ein Versuchsvorhaben aufgenommen mit dem Ziel, derartige Bearbeitbarkeitswerte zu ermitteln.

Auf die Schwierigkeiten bei der Bearbeitung hochwarmfester Werkstoffe, die stark zum Rattern neigen, wurde bereits im ersten Teil dieses Berichtes eingegangen. Aufgabe der hier behandelten Untersuchungen war es, auch für das Bohren und Gewindebohren geeignete Werkzeuge, Schnittbedingungen und Kühlmittel zu ermitteln, durch die eine wirtschaftliche Bearbeitung möglich wird. Dabei spielen neben dem Werkzeugverschleiß und den auftretenden Kräften bei der Zerspanung die Spanbildung und Spanabfuhr eine wesentliche Rolle.

2. Werkzeugverschleiß, Schnittkräfte und empirische Gesetzmäßigkeiten zur Ermittlung der Werkzeug-Standzeit beim Bohren und Gewindebohren

2.1 Bohren (1, 3, 5)

Zur Ermittlung der Bohrbarkeit eines Werkstoffes werden Bohrversuche unter definierten Schnittbedingungen durchgeführt. Als Werkzeuge dienen die in DIN 337 - 346 genormten Spiralbohrer, deren Bezeichnungen an der Bohrerspitze in Abbildung 1 wiedergegeben sind.

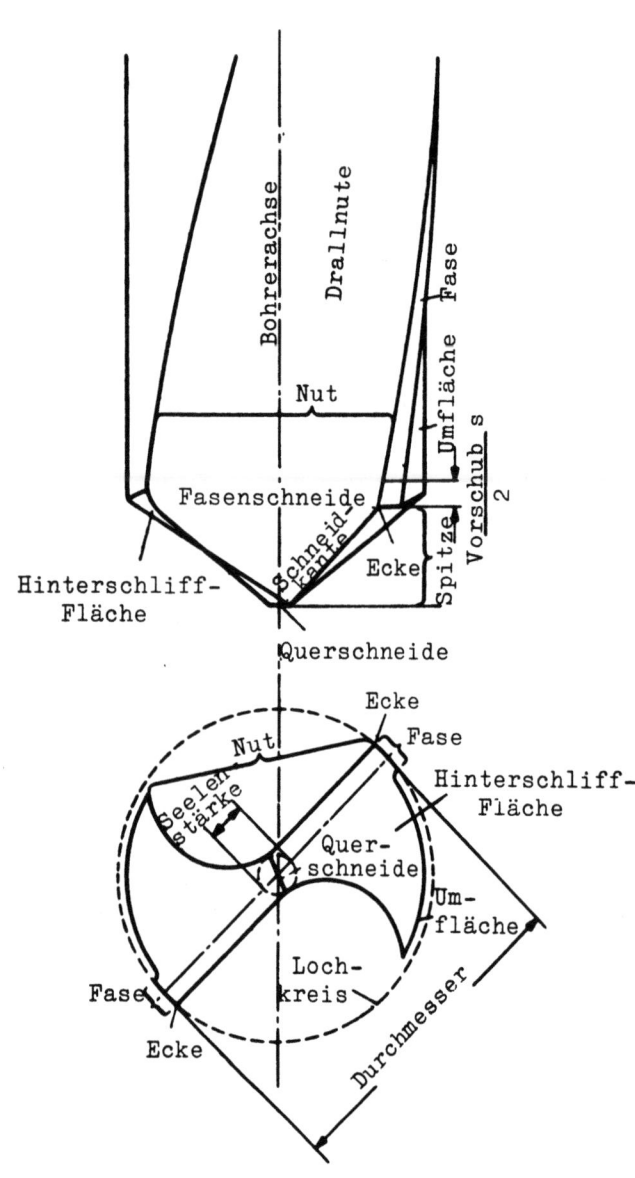

Abbildung 1
Bezeichnungen an der Spitze des Spiralbohrers (nach SCHALLBROCH (5)

Der Schneidvorgang an den beiden Hauptschneiden erfolgt wie beim Drehen, Hobeln oder Fräsen durch das Verschieben eines Schneidkeiles gegen die abzutrennende Werkstoffschicht, so daß man auch beim Spiralbohrer von der Definition der auf die Schnittrichtung bezogenen Winkel α, β und γ nach DIN 768 ausgehen kann.

Die sich weiterhin ergebenden Winkel am Bohrer gehen aus Abbildung 2 hervor.

Der Spiralbohrer ist ein zweischneidiges Werkzeug, dessen Arbeitsweise auf den Drehvorgang mit einer Schneide zurückgeführt werden kann. Hierbei ist das Einstechdrehen als Vergleichsvorgang anzusehen, weil die Spanbildung beim Bohren dadurch erfolgt, daß einer Art Einstechmeißel eine Vorschubbewegung in Schaftrichtung erteilt wird. Somit findet an beiden Schneiden des Spiralbohrers ein Einstechvorgang statt. Der Lochgrund setzt sich dabei aus zwei Kegelflächen zusammen, die um die halbe Vorschubgröße in der Achsrichtung versetzt sind.

Im Gegensatz zum Drehvorgang, bei dem die Ausführung der Schnittbewegung und der Vorschubbewegung zwischen Werkstück und Werkzeug aufgeteilt wird, erfolgen beim Spiralbohrer diese beiden zur Erzielung einer Spanbildung erforderlichen Bewegungen durch den Bohrer selbst als Schnittbewegung

Forschungsberichte des Wirtschafts- und Verkehrsministeriums Nordrhein-Westfalen

(durch Drehung um die Bohrerachse) und als Vorschubbewegung (in Richtung der Achse).

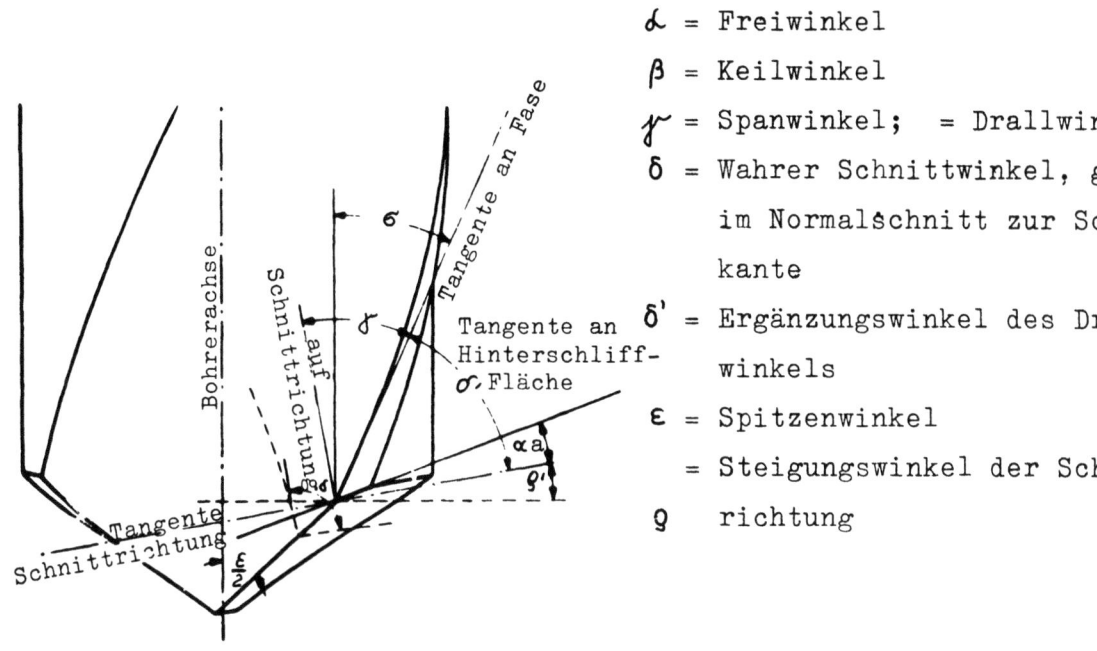

α = Freiwinkel
β = Keilwinkel
γ = Spanwinkel; = Drallwinkel
δ = Wahrer Schnittwinkel, gemessen im Normalschnitt zur Schneidkante
δ' = Ergänzungswinkel des Drallwinkels
ϵ = Spitzenwinkel
= Steigungswinkel der Schnittrichtung
ϱ

Abbildung 2
Die Winkel an der Bohrerschneide
(nach St. PATKAY (5)

Der Schnittwiderstand k_s in kg je mm² der Spanquerschnittsfläche des Werkstückstoffes muß durch die von der Maschine an den Bohrer weitergeleiteten Kräfte überwunden werden. Diese Kräfte bestehen entsprechend Abbildung 3 und 4 aus

1. der Drehkraft R_1 zur Überwindung des Schnittwiderstandes
2. der Axialkraft P_a zur Überwindung des Vorschubwiderstandes.

Die Drehkraft verteilt sich mit $R_1/2$ auf die beiden Schneidkanten, so daß durch dieses Kräftepaar ein Drehmoment M_d auftritt, auf dessen Messung man sich in Verbindung mit der Axialkraft P_a beschränkt. Außer diesen Hauptkräften an der Bohrerschneide entstehen Kräfte, die an der Haupt- und Querschneide, auf die Nutenfläche und am Bohrerumfang wirken. Eine getrennte Messung dieser Kräfte ist exakt jedoch kaum möglich und außerdem nur von geringem Interesse.

Im allgemeinen steigen Drehmoment M_d und Axialkraft P_a mit Vergrößerung des Vorschubes proportional an, in Abhängigkeit von der Schnittgeschwindigkeit jedoch bleiben beide Schnittkraftgrößen konstant. Nur für sehr niedrige Geschwindigkeiten nehmen M_d und P_a geringfügig zu.

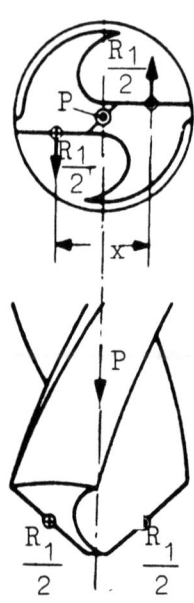

A b b i l d u n g   3
Drehkraft und Drehmoment beim Spiralbohrer (nach SCHALLBROCH) (5)

Mit Bohrbarkeit bezeichnet man nach SCHALLBROCH die Eigenschaft eines Werkstückstoffes, sich durch Bohrvorgänge in gegebener Zeit, mit bestimmtem Aufwand an Werkzeug und Energie, bei einwandfreier Spanbildung und unter Erzeugung einer verlangten Oberflächengüte in die geforderte Gebrauchsform bringen zu lassen.

So wird zur Beurteilung der Bohrbarkeit statt der von der Drehbarkeit der bekannten Standzeit T in Minuten (d.h. der reinen Schnittzeit der Schneide zwischen zwei Anschliffen) beim Bohren die Standlänge oder der Standweg L in mm herangezogen, mit der die gesamte mit einem Bohranschliff gebohrte Lochlänge in mm bezeichnet wird.

Das Erliegen jeder Werkzeugschneide, also auch der Bohrerschneiden, wird nicht durch eine Einflußgröße allein hervorgerufen, sondern durch eine Überlagerung mehrerer Einflüsse. Man unterscheidet so bei dem Standweg oder der Standlänge L zwischen

Forschungsberichte des Wirtschafts- und Verkehrsministeriums Nordrhein-Westfalen

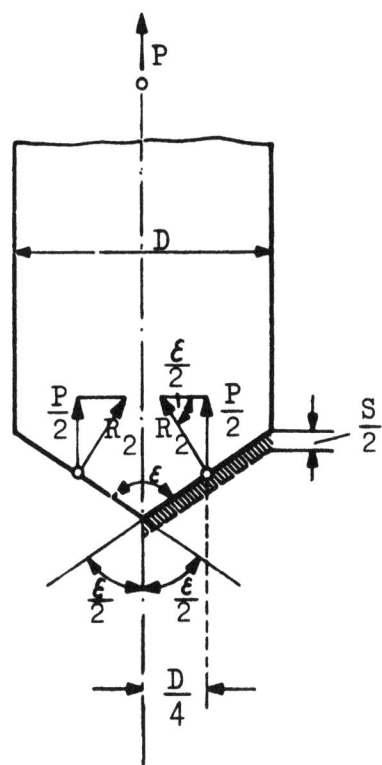

Abbildung 4

Vorschubkraft und Spanquerschnitt an der Spitze
des Spiralbohrers (nach SCHALLBROCH) (5)

1. einem absoluten Erliegepunkt, d.h. völliger Unbrauchbarkeit
   der Schneide durch Bruch oder Erweichen infolge Überschreiten
   der Warmhärte (vergl. Abb. 5),

2. einem relativen Erliegepunkt, d.h. einem bestimmten Grad
   von Unbrauchbarkeit der Schneide infolge fortschreitenden
   Verschleißes.

Für diesen letzten relativen Erliegepunkt gibt es verschiedene Abstumpf-
kriterien (vergl. Abb. 6)

1. Eckenabstumpfung
2. Querschneidenabstumpfung
3. Fasenabstumpfung
4. Hauptschneidenabstumpfung oder -verschleiß.

Forschungsberichte des Wirtschafts- und Verkehrsministeriums Nordrhein-Westfalen

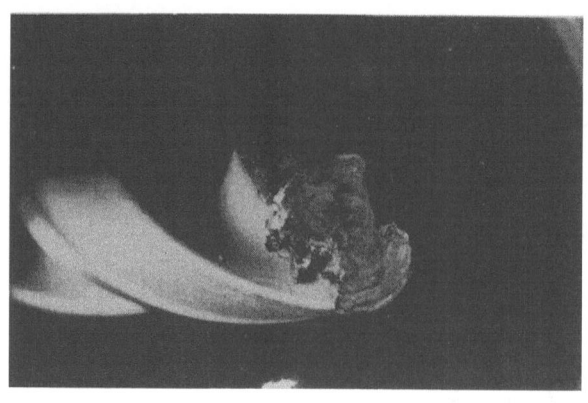

Abbildung 5
Absolutes Erliegen eines Schnellarbeitsstahl-Spiralbohrers durch Abschmoren der Bohrerspitze bei zu hoher thermischer Belastung

Da beim Bohrvorgang eine geeignete Beobachtungsmöglichkeit fehlt, zu welcher Zeit und an welcher Stelle das Erliegen des Bohrers eintritt, ist dieser Abstumpfungszustand durch den Anstieg gleichzeitig gemessener Schnittkräfte (M_d und P_a) erkennbar, wozu in den meisten Fällen als akustisches Kennzeichen noch das "Kreischen" des Bohrers bei Erreichung des Erliegepunktes hinzutritt.

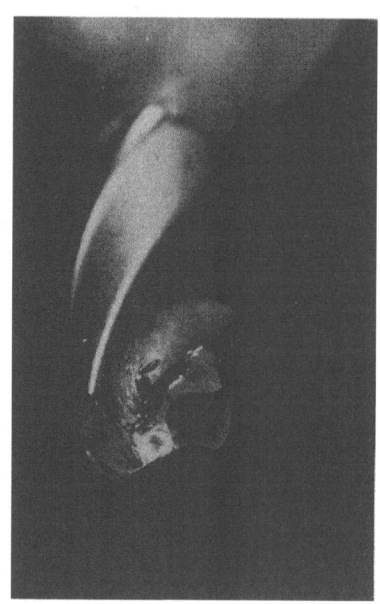 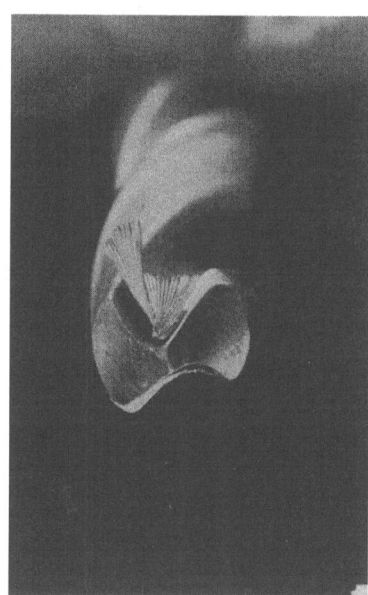 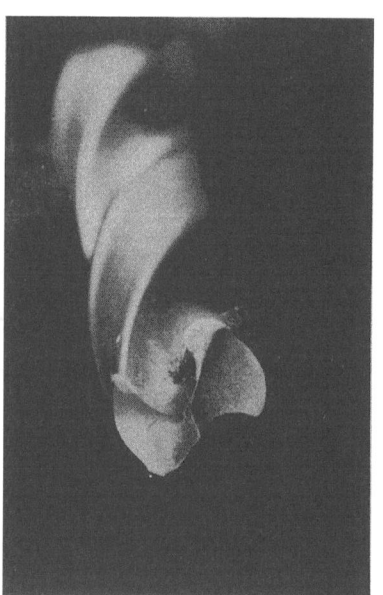

Abbildung 6
Abstumpfungsarten für relatives Erliegen eines Spiralbohrers
aus Schnellarbeitsstahl: Ecken-, Hauptschneiden- und
Querschneidenverschleiß, Werkstoffaufschweissungen
(Aufbauschneide) an der Hauptschneide

Forschungsberichte des Wirtschafts- und Verkehrsministeriums Nordrhein-Westfalen

An der Ecke des Spiralbohrers besteht die höchste Schnittgeschwindigkeit und zusammen mit der Fasenreibung auch die größte Beanspruchung, weshalb unter normalen Versuchsbedingungen der Bohrer meist durch Eckenabstumpfung erliegt. Dieses trifft für Baustähle und Gußeisen und ebenfalls für die untersuchten hochwarmfesten Werkstoffe zu.

Bei der Versuchsdurchführung werden für einen konstanten Vorschub und verschiedene Schnittgeschwindigkeiten Sacklöcher von einer Einzellochtiefe L = 4 bis 5 mal Bohrerdurchmesser gebohrt und durch Addieren der Einzellochtiefen die Gesamtlochtiefe oder Standlänge L bis zum Erliegen des Bohrers ermittelt. Die jeweilige Standlänge L ergibt - über der Schnittgeschwindigkeit aufgetragen - die von den Drehversuchen bekannte hyperbelartige Abhängigkeit, welche im doppelt-logarithmischen Koordinatensystem eine Gerade wird und Standlänge oder Standweggerade L = f (v) genannt wird (vergl. Abb. 7).

Die Steigung dieser Standweggeraden ist größer als die der Standzeitgeraden beim Drehen; der Neigungswinkel liegt etwa zwischen 80 und 88°.

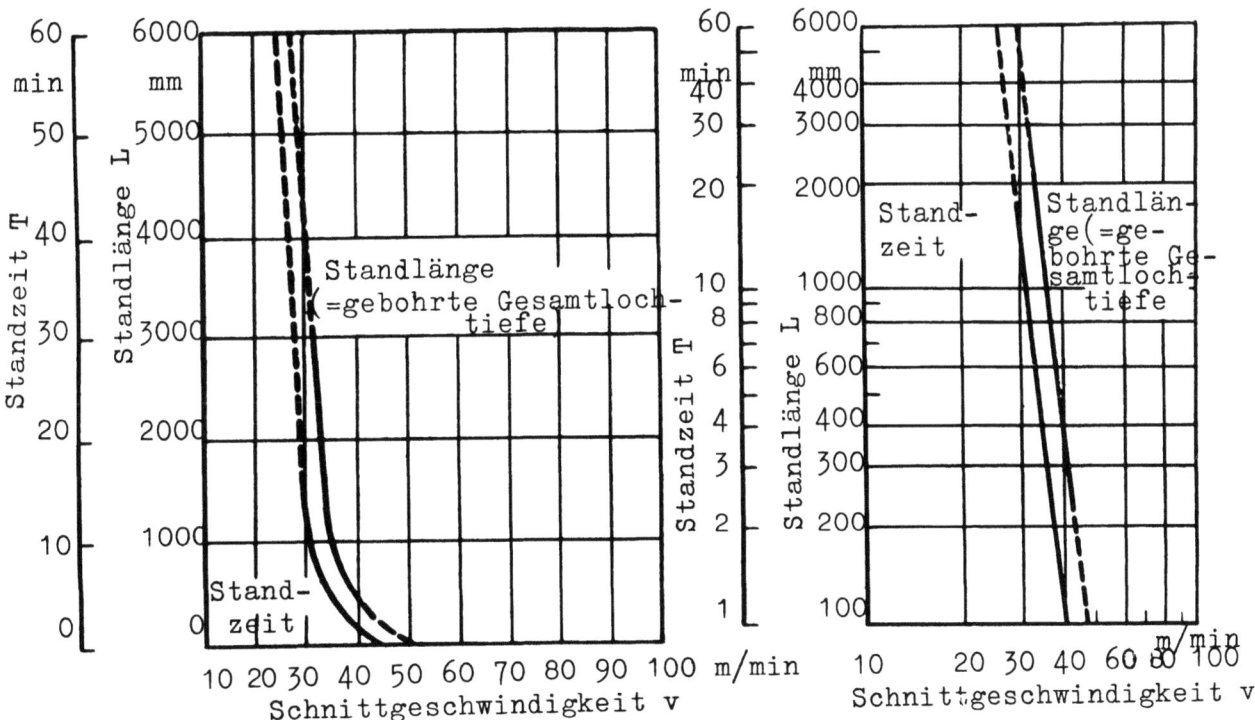

Abbildung 7

Zusammenhang zwischen Standzeit T und Standlänge L beim Bohren (nach SCHALLBROCH) (5)

Als Bohrbarkeitskennziffer und Vergleichszahl dient der sogenannte V_{L2000}-Wert. Darunter versteht man die Schnittgeschwindigkeit, mit der man bis zum Abstumpfen des Bohrers eine Standlänge von L = 2000 mm erreichen kann. Mit zunehmendem Vorschub nimmt dieser V_{L2000}-Wert entsprechend der Verschiebung der Standweggeraden zu kleineren Schnittgeschwindigkeiten ab. Zum Vergleich der Bohrbarkeit der hier untersuchten Werkstoffe wird dieser V_{L2000}-Wert bei der Versuchsauswertung herangezogen. Wegen der großen Steigung der Standweggeraden bedeutet ein nur geringfügig höherer V_{L2000}-Wert bereits einen erheblichen Standweggewinn für eine konstante Schnittbedingung. Ergibt sich z.B. für eine bestimmte Schnittbedingung ein V_{L2000}-Wert von 29 m/min für Fall a und von 33 m/min für Fall b, d.h. ein um 14 % höherer V_{L2000}-Wert, so verhalten sich bei gleicher Steigung der Standweggeraden die Standwege etwa wie 1:3,5, d.h. im Fall b kann der 3 1/2fache Standweg erzielt werden (vergl. hierzu Abb. 7).

2.2 Gewindebohren (4-7)

Zur allgemeinen Untersuchung des Zerspanungsvorganges beim Gewindebohren hat sich die Schnittkraftmessung als zweckmäßig erwiesen. Jedoch sind aus Höhe und Verlauf der Axialkraft, die beim Gewindebohren sehr niedrig ist, keine wesentlichen Aufschlüsse zu erlangen. Sie kann praktisch vernachlässigt werden. Umso mehr ist beim Gewindebohren das auftretende Drehmoment maßgebend, dessen Verlauf und Höhe eine Aussage über die jeweilige Beanspruchung des Gewindeschneidwerkzeuges, bezogen auf das Bruchdrehmoment, gibt. Die hohe Beanspruchung aller Gewindebohrer ist darauf zurückzuführen, daß zu dem Kraftaufwand für die eigentliche Zerspanung noch zwei weitere Kraftwirkungen kommen:

1. die Reibung des Werkzeuges in den Gewindegängen und
2. die sogenannte Klemmreibung, die durch das sogenannte Aufquellen des Werkstoffes hinter den Schneidkanten hervorgerufen wird.

Diese zusätzlichen Reibungskräfte können das eigentliche Schnitt-Drehmoment erheblich übertreffen und zum Bruch des Werkzeuges führen.

Da in den folgenden Versuchen nur Gewinde- in Durchgangslöcher geschnitten wurden, soll in diesem allgemeinen Teil ebenfalls nur das Gewindebohren in Durchgangslöchern betrachtet werden. Auf die einzelnen Einflußgrößen beim Gewindebohren soll in diesem Zusammenhang nicht näher eingegangen werden. Hierzu sei auf die entsprechenden Literaturstellen hingewiesen (3-7).

Für die Versuchsdurchführung ist der Verlauf des Drehmomentes beim Gewindebohren über den Bohrweg eines Einzelloches und der Anzahl der Bohrungen (bezeichnet als Standweg L) von besonderem Interesse.

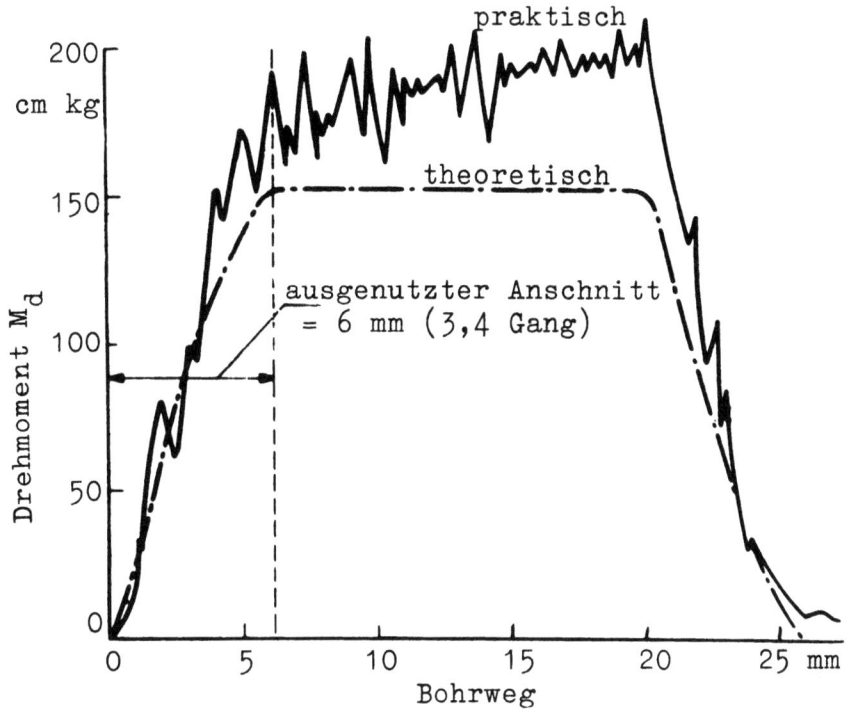

A b b i l d u n g   8

Theoretischer und wirklicher Verlauf des Drehmomentes beim Durchgang eines Einzelschneiders M 12 durch die Gewindebohrung in Stahl St 60·11 (nach H.J. STOEWER) (5,7)

Entsprechend Abbildung 8 steigt im theoretischen Fall das Drehmoment bis zum Eintritt des ersten Voll-Zahnes parabelförmig an, verläuft nach Eingriff der Vollzähne waagerecht, um beim Austreten des Bohrers aus der Bohrung wieder abzufallen. Dieser grundsätzliche Drehmoment-Verlauf wird in den praktischen Versuchen überlagert durch die Einwirkungen der Gewinde-, Span- und Klemmreibung, wie aus der ausgezogenen Kurve zu ersehen ist. Bei der späteren Versuchsdurchführung wurde das Drehmoment etwa an der Stelle gemessen, an der der Gewindebohrer voll im Schnitt steht, d.h. etwa in 2/3 der Bohrtiefe.

Wie bei allen spanenden Werkzeugen treten auch beim Gewindebohrer bestimmte und typische Verschleißerscheinungen auf:

1. Bruch bzw. Schneidenausbrüche durch Überlastung
2. Verschleiß durch Abstumpfen
3. Verschweißungen in den Gewindegängen.

Die Abbildungen 9, 10 und 11 zeigen solche Verschleißformen beim Gewindebohren hochwarmfester Werkstoffe.

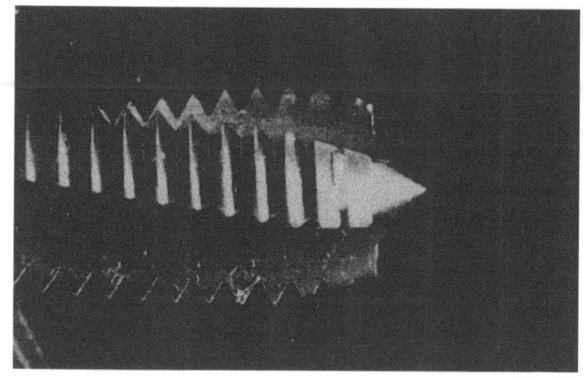

Abbildung 9
Eckenausbruch durch Überlastung der Schneide

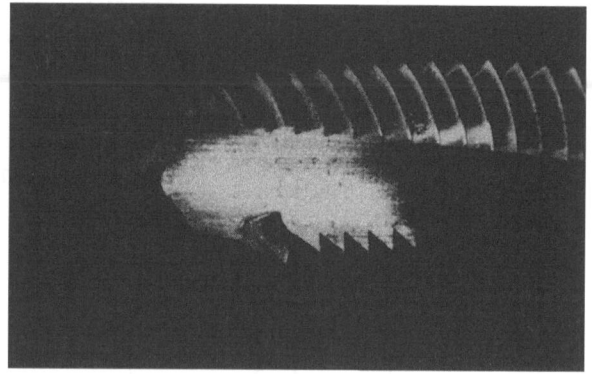

Abbildung 10
Abstumpfen des Gewindebohrers durch Verschweißen eines Gewindeganges

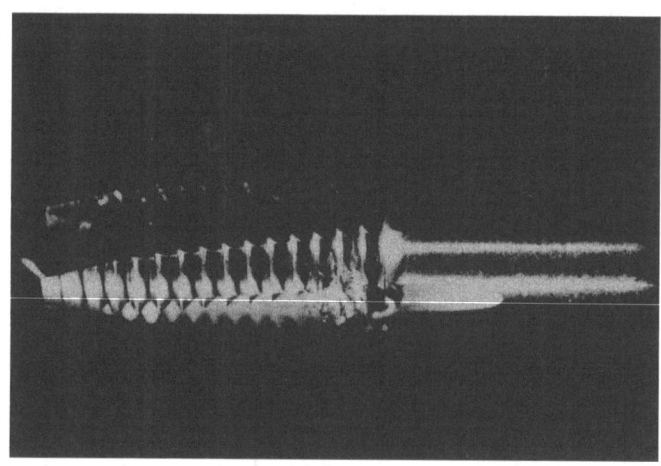

Abbildung 11
Erliegen eines Gewindebohrers durch starke Werkstoffaufschweißungen

Ein Eckenausbruch entsteht z.B. durch Verlaufen eines Fertigschneiders in dem vom Vorschneider bereits vorgeschnittenen Gewinde oder durch zu starkes Verklemmen der Späne in den Gewindegängen.

Durch das Verschweißen eines Gewindeganges z.B. im Anschnittbereich eines Fertigschneiders werden die Gewindegänge zum Teil zerstört und das Gewinde unbrauchbar. Dazu zeigt Abbildung 11 einen Gewindebohrer, der durch starke Werkstoffaufschweißungen in den oberen Gewindegängen erlag.

Einen starken Einfluß auf die Lebensdauer eines Gewindeschneidwerkzeuges haben die verwendeten Kühl- und Schmiermittel. Eine intensive Kühlung ist zur Abfuhr der auftretenden Zerspanungswärme erforderlich, während durch Verbesserung der Schmierwirkung die Werkzeugabstumpfung herabgesetzt werden kann.

3. Versuchsdurchführung

3.1 Versuchswerkstoff: Analysen, Wärmebehandlungen, technologische Eigenschaften

Die Bohr- und Gewindebohrversuche wurden nur an einem Teil der im Bericht "Drehen hochwarmfester Werkstoffe" (Forschungsbericht 351 des Wirtschafts- und Verkehrsministerium Nordrhein-Westfalen) untersuchten Werkstoffe durchgeführt.

In der Tabelle 1 (Seite 16) sind die Analysen, Wärmebehandlungen und technologische Eigenschaften der untersuchten Werkstoffe IV bis XII nochmals aufgeführt. Auf die Gefügeaufnahmen und eine nähere Erläuterung der Werkstofflegierungen wird verzichtet, da hierauf bereits im 1. Teil dieses Forschungsberichtes näher eingegangen wurde.

3.2 Versuchsbereich und Versuchsbedingungen

Die Bohrversuche wurden mit Schnellarbeitsstahl-Spiralbohrern verschiedener Durchmesser (12; 8,6 und 8,4 mm $\emptyset$) durchgeführt. Dabei waren die Bohrungen mit 8,6 und 8,4 mm $\emptyset$ gleichzeitig die Kernbohrungen für die Gewindebohrversuche mit M 10-Gewindebohrern. Mit den 12 mm $\emptyset$-Spiralbohrern wurden Sacklöcher mit einer Einzellochtiefe von 5 · d gebohrt und zur Gesamtlochtiefe addiert. Dagegen wurden mit den 8,6 bzw. 8,4 mm $\emptyset$-Spiralbohrern Durchgangslöcher mit einer Lochtiefe von 4 bis 5 x d

Forschungsberichte des Wirtschafts- und Verkehrsministeriums Nordrhein-Westfalen

Tabelle 1

Wärmebehandlungen und technologische Eigenschaften der untersuchten hochwarmfesten Werkstoffe
Analysen (Angaben in %)   (die Angaben sind abgerundete Werte)

Werkstoff	C ges	Cr	Ni	Mo	Co	Mn	Si	V	Ta/Nb	W	N_2	Ti	Al	Wärmebehandlung	B kg/mm^2	0,2 kg/mm^2	5 %	H_B kg/mm^2
IV	0,05	16	12	-	-	1,3	0,4	-	1,0	-	-	-	-	1/4h 1100°/Luft	59	24	51	145
V	0,08	16	12	2,2	-	1,2	0,8	-	1,3	-	-	-	-	1/4h 1100°/Luft	62	30	46	170
VI	0,06	16	22	1,4	-	1,3	0,9	0,8	1,0	-	0,1	-	-	1/4h 1130°/Wasser +5h 750°/Luft	65	35	38	185
VII	0,06	16	22	1,4	-	1,3	0,9	0,8	1,0	-	0,1	-	-	1/4h1130°/W+12+15% wk +5h 750°/Luft	81	75	18	250
VIII	0,07	16	20	2,6	20	1,3	0,6	1,0	0,6	2,0	0,1	-	-	1/4h1200°/Öl +24h 750°/Luft	75	51	27	225
IX	0,06	17	13	1,5	-	1,3	0,5	0,7	1,0	-	-	-	-	1/4h 1130°/Wasser +5h 750°/Luft	67	35	39	180
X	0,06	17	13	1,5	-	1,3	0,5	0,7	1,0	-	0,1	-	-	1/4h1130°/W+12+15% wk +5h 750°/Luft	86	79	22	255
XI	0,04	16	29	-	-	0,9	1,0	-	-	-	-	1,4	0,6	1/2h 1100°/Öl +5h 750°/Luft	63	28	42	190
XII	0,44	14	12	2,0	10	0,7	1,4	-	2,5	3,0	-	-	-	1 h 1220°/Öl +24h750°/Luft	79	41	26	230
XIII	0,26	20	10	2,3	48	0,6	1,0	3,0	1,5	-	-	-	-	1 h 1200°/Öl +24h750°/Luft	110	83	25	300

gebohrt, um für die anschließenden Gewindebohrversuche einen Auslauf der Gewindebohrer zu haben.

Die Vorschübe bei den Bohrversuchen betrugen s = 0,14; 0,20; 0,28 und 0,4 mm/Umdr. Für jeweils 3 oder 4 Schnittgeschwindigkeiten wurden bei sonst konstanten Versuchsbedingungen die Bohrversuche bis zum "Erliegen" des Spiralbohrers durchgeführt. Die bis zum Ausgeben der Bohrer erzielten Standwege wurden in ein Standweg-Schnittgeschwindigkeits-Schaubild eingetragen und hieraus die Bohrbarkeitskennziffer V_{L2000} ermittelt.

Gleichzeitig wurden bei allen Bohrversuchen das Drehmoment und der Axialdruck in Abhängigkeit von Schnittgeschwindigkeit und Vorschub gemessen. Als Kühlmittel dient eine 3 %ige Bohröl-Emulsion. Die Versuchsanordnung zeigt Abbildung 12.

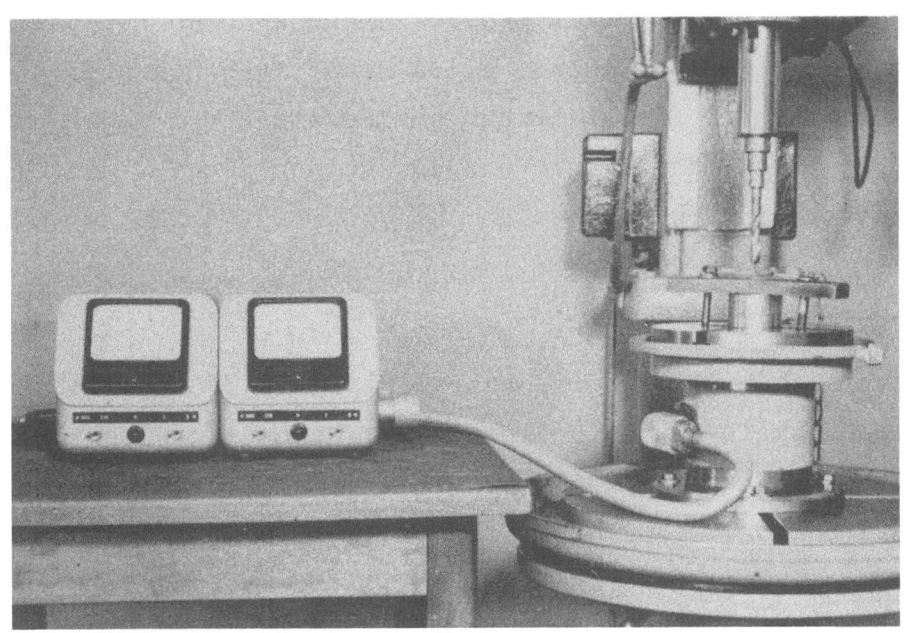

A b b i l d u n g   12
Versuchsanordnung beim Bohren und Gewindebohren

Die Gewindebohrversuche wurden an den Werkstoffproben mit Kernbohrungen von 8,8; 8,6 und 8,4 mm ⌀ durchgeführt. Hierbei wurden Vor- und Fertigschneider auf die Bohrung aufgesetzt und entsprechend der Gewindesteigung eingeführt. Gleichzeitig wurden für Schnittgeschwindigkeiten von 1,5 bis 7 m/min das Drehmoment in Abhängigkeit vom Standweg gemessen. Das Erliegen, bzw. die Schneidunfähigkeit des Gewindebohrers, war stets mit einem Ansteigen des Drehmomentes verbunden, weshalb bei einigen Werkstoffen versucht wurde, ein bestimmtes Drehmoment als Standweg-Kriterium heranzuziehen. Der Einfluß des Kernbohrungsdurchmessers auf das Drehmoment des Vor- und Fertigschneiders wurden ebenfalls ermittelt. Bei den ersten Versuchsreihen mit einer Kernbohrung von 8,8 mm ⌀ zeigte sich, daß dieser Durchmesser bereits zu groß ist, da das Gewinde nicht mehr voll ausgeschnitten wurde. Bei allen weiteren Versuchen wurden deshalb nur Durchgangslöcher mit 8,6 und 8,4 mm ⌀ gebohrt. Alle Versuchsergebnisse wurden getrennt für Vor- und Fertigschneider aufgetragen. Beim Gewindebohrer dieser zähharten Werkstoffe war eine ausreichende Schmierung und Kühlung unbedingt erforderlich.

Bei der Verwendung eines handelsüblichen Schneidöles ergaben sich unter den Versuchsbedingungen relativ hohe Drehmomente, was auf die starke Fasenreibung zurückzuführen ist. Dementsprechend konnten nur geringe Standwege erzielt werden. Durch Einsatz eines neuartigen Schneidöl-Konzentrates war es möglich, die Fasenreibung herabzusetzen und damit günstigere Standwege zu erzielen. Sämtliche Versuche wurden deshalb mit diesem Schneidöl-Konzentrat durchgeführt.

3.3 Versuchswerkzeuge

Für die Bohrversuche wurden Spiralbohrer nach DIN 345 aus Schnellarbeitsstahl der Güteklasse D Mo 5 eingesetzt. Mit Schnellarbeitsstahlbohrern der Klasse A BC III konnten keine befriedigenden Ergebnisse erzielt werden. Die Spiralbohrerdurchmesser betrugen 12; 8,8; 8,6 und 8,4 mm ⌀. Der Spitzenwinkel wurde nach einer Reihe von Stichversuchen, die unter 4.Versuchsergebnisse (Seite 20) aufgeführt sind, zu $\varepsilon = 116°$ gewählt, der Hinterschliffwinkel betrug 5 - 6°. Nach dem Erliegen wurde der Bohrer sehr sorgfältig angeschliffen, wobei die durch die Einwirkung der hohen Temperatur entstandene angelassene Zone an der Bohrerspitze völlig entfernt wurde. Eine Ausspitzung der Querschneide wurde bei diesen geringen Bohrerabmessungen nicht vorgenommen. Für die Gewindebohrversuche wurden Maschinen-Gewindebohrer der Größe M 10 aus Hochleistungs-Schnellarbeitsstahl verwendet. Der Bohrersatz bestand aus Vor- und Fertigschneider. Zur besseren Spanabfuhr waren die Gewindebohrer mit Rechts- bzw. Linksspiralnut versehen (vergl. Abb. 13). In der Größe des Drehmomentes zeigte sich praktisch kein Unterschied zwischen beiden Bohrerausführungen, weshalb für einen Teil der Werkstoffe Gewindebohrer mit Linksspiralnut eingesetzt wurden.

3.4 Versuchsmaschine

Für die Bohr- und Gewindebohrversuche diente eine Säulenbohrmaschine, Typ V 65 der Webo GmbH., Düsseldorf-Erkrath, mit polumschaltbarem Motor.
Antriebsleistung: N = 1,7 bzw. 2,3 KW
Stufenlose Drehzahlregelung von 40 bis 1130 U/min mittels Reibradgetriebe und Vorgelege.
Vorschubbereich: s = 0,14; 0,2; 0,25 und 0,4 mm/Umdr.

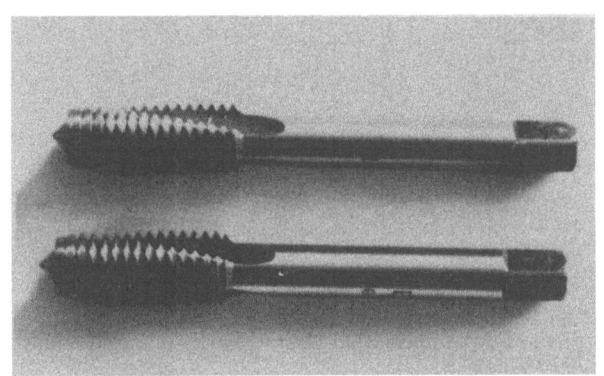
a)
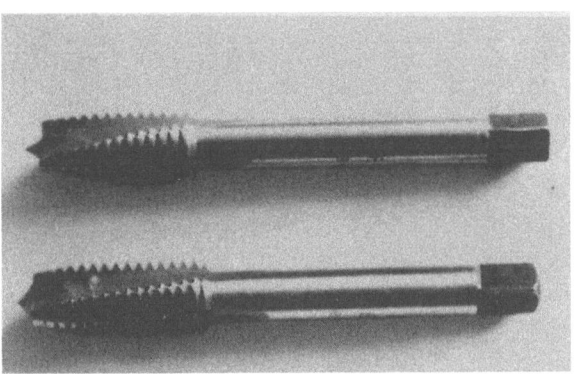
b)

A b b i l d u n g   13
Versuchswerkzeuge. Maschinen-Gewindebohrer M 10
a) mit Rechtsspiralnut; b) mit Linksspiralnut

3.5 Meßgrößen und Meßgeräte

Zur Messung von Drehmoment und Vorschub wurde ein Meßbohrtisch, System Opitz, Größe B 1, verwendet, welcher mit induktiven Meßelementen arbeitet. Abbildung 14 zeigt das Funktionsschema.

Das Kernstück ist der Verformungskörper, der eine Membrane zur Messung der Vorschubkraft und einen Torsionsstab zur Messung des Drehmomentes aufweist. Gleichzeitig übernimmt er die untere Führung des Königszapfens, der oben in einem Zylinderrollenlager gefangen ist. Das Drehmoment wird über einen Hebel auf ein Meßelement übertragen, während die Vorschubkraft an der Membrane direkt gemessen wird. Die Dämpfungsflächen sind ringförmig auf einem großen Durchmesser unter dem Aufspanntisch angeordnet.

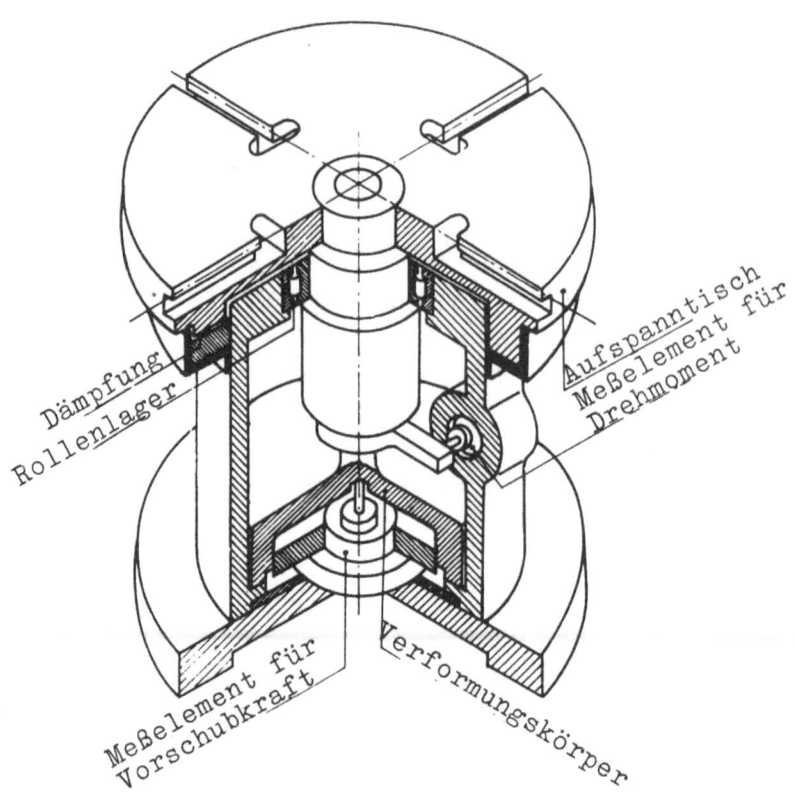

Abbildung 14
Schema des Meßbohrtisches

4. Versuchsergebnisse

4.1 Bohren hochwarmfester Werkstoffe

Zu Anfang der Bohrversuche wurde in einer Versuchsreihe mit einem 12 mm ⌀-Spiralbohrer ein geeigneter Spitzenwinkel ε zur Bearbeitung dieser Werkstoffgruppe ermittelt. Für verschiedene Spitzenwinkel ε = 90 bis 130° wurden an Werkstoff XI bei Lochtiefen von L = 20 mm, einer Schnittgeschwindigkeit von v = 5 m/min und einem Vorschub s = 0,14 mm/U, Axialkraft P_a und Drehmoment M_d gemessen und in Abhängigkeit vom Spitzenwinkel ε aufgetragen. Abbildung 15 gibt das Ergebnis wieder. Die Axialkraft oder Vorschubkraft P_a fällt bis zu einem ε = 110° ab und steigt dann wieder an. Die Drehmomentenkurve verläuft umgekehrt; sie zeigt ihr Maximum bei ε = 100° und fällt zum kleinen und vor allem zum größeren Spitzenwinkel ab. Durch diese gegenläufige Tendenz von Axialkraft und Drehmoment ist durch diese beiden Schnittkraftgrößen kein optimaler Spitzenwinkel festgelegt. Aus diesem Grunde wurde der gebräuchliche Spitzenwinkel ε = 116° beibehalten, da bei ε = 116° die Axialkraft zwar etwas größer ist als das Optimum bei ε = 110°, das Drehmoment jedoch bereits stark abfällt. Bei einem größeren Spitzenwinkel liegt das Drehmoment zwar wesentlich niedriger, die Axialkraft steigt jedoch beträchtlich an.

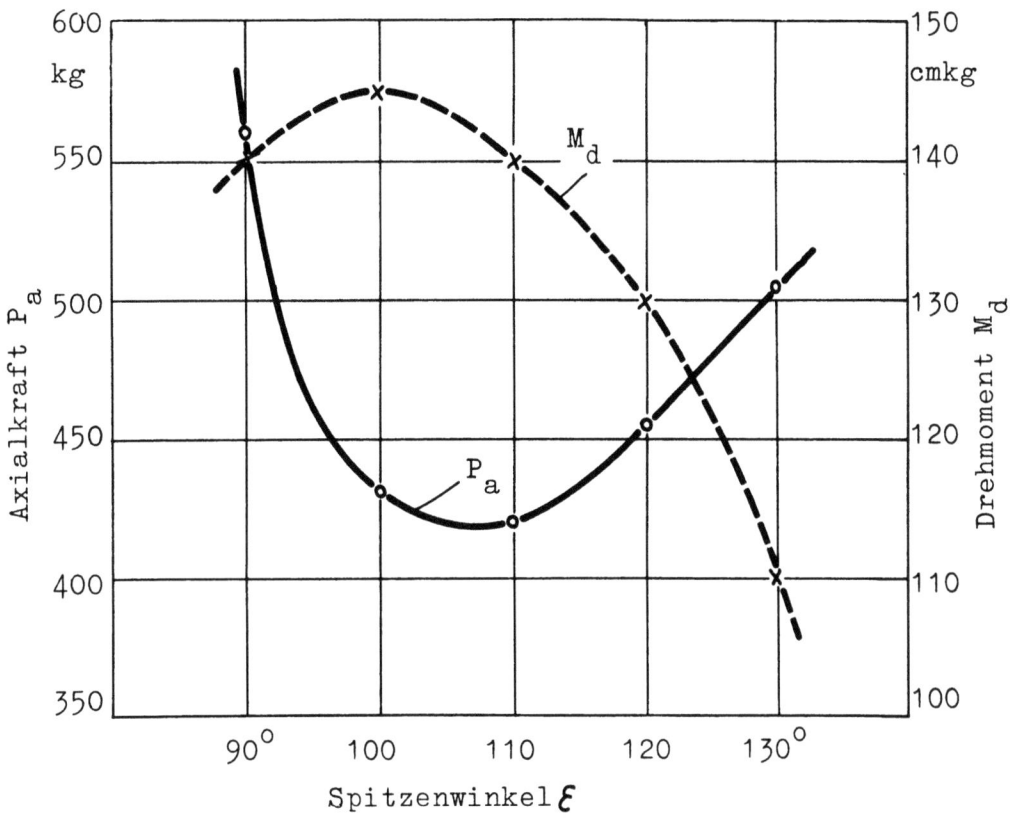

A b b i l d u n g   15

Drehmoment und Axialdruck in Abhängigkeit vom Spitzenwinkel des Spiralbohrers beim Bohren eines hochwarmfesten Werkstoffes
Werkstoff XI, Schnittgeschwindigkeit: v = 5 m/min, Lochtiefe: L = 20 mm
Werkzeug: HSS-Spiralbohrer 12⌀ mm, Kühlung: 3 % Bohröl-Emulsion
Vorschub: s = 0,14 mm/Umdr.

Zur Beurteilung des Standweges der Bohrer und zur Bestimmung der Bohrbarkeit der einzelnen Werkstoffe wurden die Versuche bis zum Erliegen der Bohrer durchgeführt, womit zum Vergleich der Zerspanbarkeitswerte stets das gleiche Kriterium angesetzt wurde.

Im folgenden sind zunächst für die Werkstoffe IV bis XII die Standweg-Schnittgeschwindigkeits-Schaubilder L = f (v) und der Verlauf von Drehmoment und Axialkraft in Abhängigkeit von Vorschub und Schnittgeschwindigkeit für den 12 mm ⌀-Spiralbohrer wiedergegeben.

Daran schließen sich die Versuchsergebnisse für die 8,6 und 8,4 mm ⌀-Bohrer an.

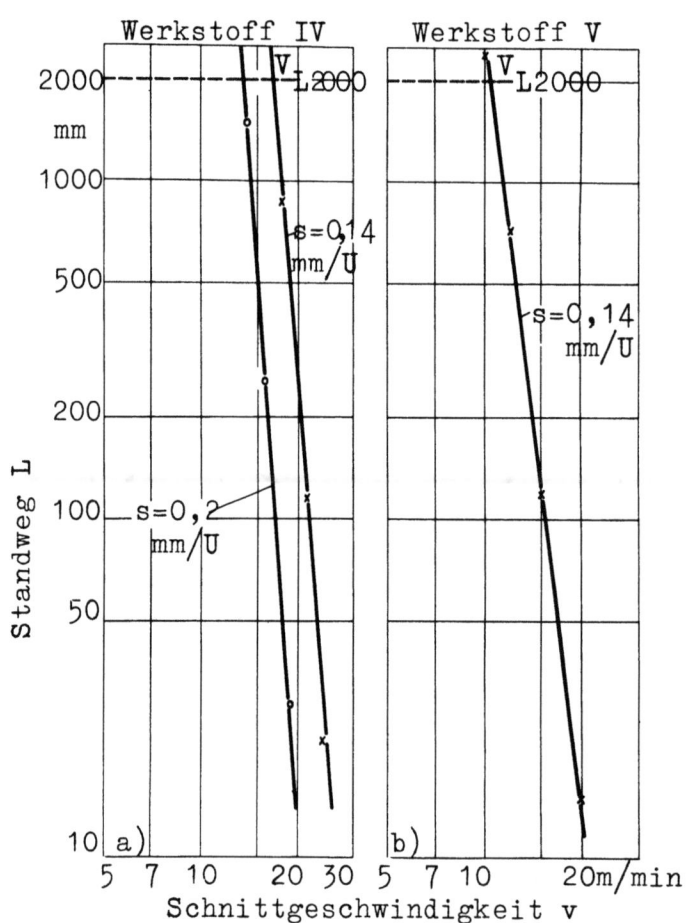

Abbildung 16

Standweggeraden L = f (v) für Werkstoff IV und V

Werkzeug: HSS-Spiralbohrer 12 ⌀ mm, Spitzenwinkel: $\epsilon = 116°$

Kühlung: 3 % Bohröl-Emulsion

4.11 Versuchsergebnisse für Schnellarbeitsstahl-Spiralbohrer 12 mm ⌀

Werkstoff IV

Zunächst wurde bei einem Vorschub s = 0,14 mm/U ein Versuch mit einer Schnittgeschwindigkeit v = 14 m/min durchgeführt. Diese lag für diesen Werkstoff jedoch zu tief, weshalb der Versuch bei einer Gesamtlochtiefe L = 3100 mm/U abgebrochen wurde. Durch die Erliegepunkte bei den Schnittgeschwindigkeiten v = 18, 22 und 24 m/min ergibt sich dann die in Abbildung 16a dargestellte Standweggerade L = f (v). Das Erliegen der Bohrer

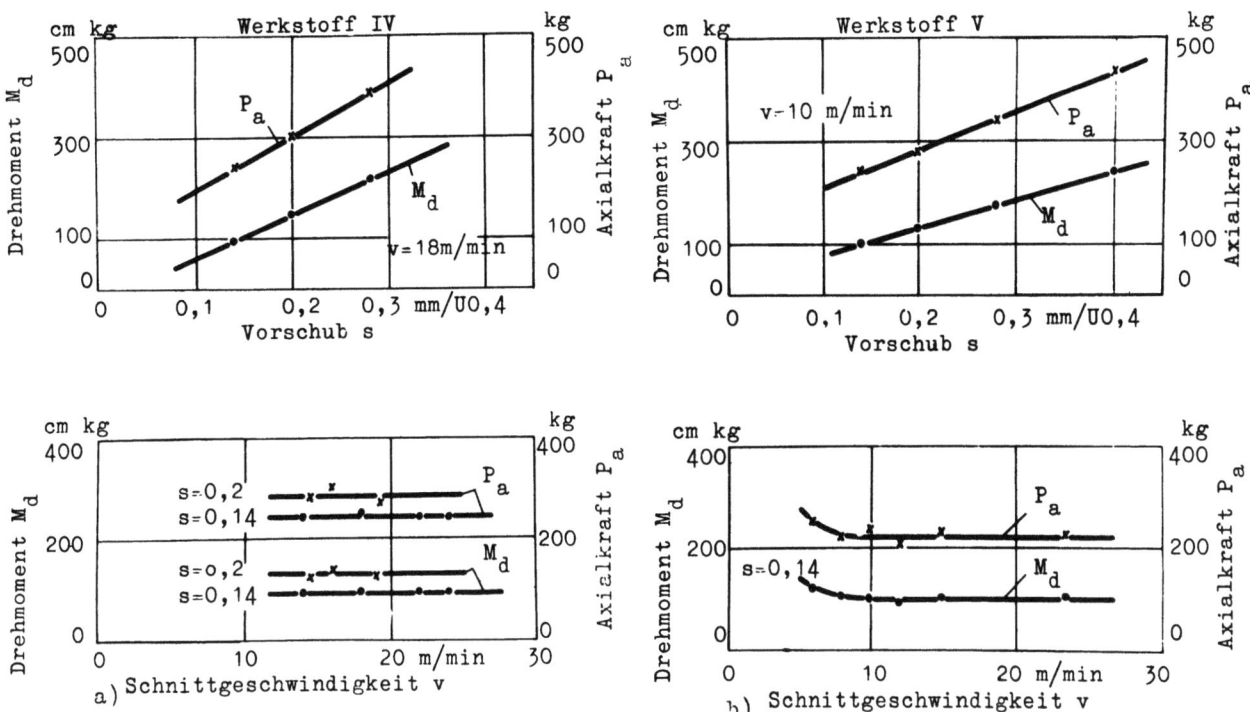

Abbildung 17

Drehmoment und Axialkraft in Abhängigkeit von
Schnittgeschwindigkeit und Vorschub

Werkzeug: HSS-Spiralbohrer 12⌀; Spitzenwinkel: $\varepsilon = 116°$;
Kühlung: 3 % Bohröl-Emulsion

trat in allen Fällen durch Eckenverschleiß ein. Für einen Vorschub s = 0,2 mm/U wurde für die Schnittgeschwindigkeiten v = 14,5; 16 und 19 m/min ebenfalls eine Standweg-Schnittgeschwindigkeits-Abhängigkeit ermittelt. Die Bohrbarkeitskennziffer V_{L2000} beträgt hierbei für

$$s = 0,14 \text{ mm/U} : V_{L2000} = 17 \text{ m/min}$$
$$s = 0,20 \text{ mm/U} : V_{L2000} = 13,5 \text{ m/min}$$

In Abbildung 17a sind Drehmoment M_d und Axialkraft P_a in Abhängigkeit von Schnittgeschwindigkeit und Vorschub aufgetragen. Für beide Schnittkraftgrößen ergibt sich eine geradlinige Abhängigkeit vom Vorschub, dagegen sind sie für die hier gewählten Bedingungen unabhängig von der

Schnittgeschwindigkeit. Bei s = 0,2 mm/U und v = 18 m/min ergeben sich

$$M_d = 150 \text{ cmkg}, \quad P_a = 300 \text{ kg}$$

Beim Bohren dieses Werkstoffes entstand ein leicht gewendelter Fließspan, wie er auch beim Bohren von Baustählen auftritt, der jedoch sehr spröde war und beim Anstoßen an ein Hindernis sofort brach (vergl. Abb. 18).

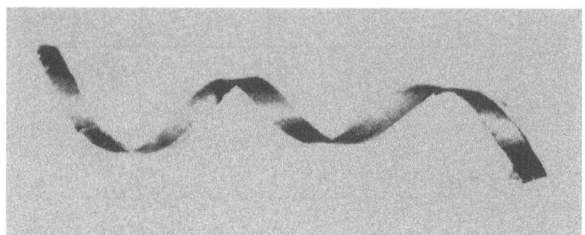
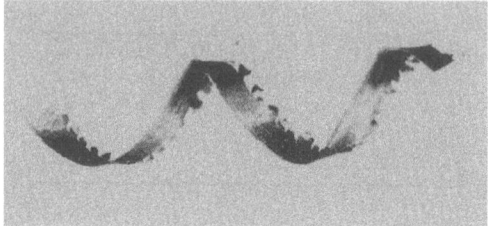

A b b i l d u n g   18
Bohrspäne

Bei größerem Vorschub entstanden stark gezackte Späne, weshalb die Spanabfuhr besonders bei größerer Lochtiefe erschwert wurde. Der beim Erliegen des Bohrers entstehende Span zeigte deutlich Anlaßfarben, die auf die hohe thermische Belastung der Bohrerschneide schließen lassen. Ebenfalls ist die Spanstauchung eine höhere als zu Versuchsanfang (Abb. 19).

A b b i l d u n g   19
Bohrspan beim Erliegen des Spiralbohrers

Werkstoff V

Bei Werkstoff V wurden Bohrversuche mit folgenden Schnittbedingungen vorgenommen: s = 0,14 mm/U, v = 10, 12, 15 und 23,5 m/min. Dabei trat das Ausgeben der Bohrer wiederum durch Eckenverschleiß ein, lediglich bei v = 23,5 m/min trat nach 15 mm Bohrtiefe durch die zu große Temperaturbelastung ein plötzliches Abschmoren der Querschneide und der Bohrerspitze ein (vergl. Abb. 5). Mit einer Schnittgeschwindigkeit v = 10 m/min wurde eine Gesamtlochtiefe von L = 2400 mm erreicht, weshalb zur Bestimmung der V_{L2000} = 10,4 m/min eine Extrapolation nicht notwendig war (vergl. Abb. 16b). Drehmoment M_d und Vorschubkraft P_a zeigen wieder einen geradlinigen Verlauf über dem Vorschub. Die Schnittgeschwindigkeitsabhängigkeit läßt einen leichten Anstieg der Schnittkraftgrößen bei sehr geringen Schnittgeschwindigkeiten erkennen (Abb. 17b). Für s = 0,2 mm/U und v = 10 m/min ergaben sich:

$$M_d = 130 \text{ cmkg}; \quad P_a = 280 \text{ kg}$$

Die Spanabfuhr aus der Bohrung ist ähnlich der von Werkstoff IV, doch entstehen bei größerer Gesamtlochtiefe sehr eng gewendelte und zähe Bohrspäne (Abb. 20), die eine gute Abfuhr zulassen, sich teilweise aber um den Spiralbohrer zu einem Knäuel verwickelten; eine Änderung der Spanform und der Schnittgeschwindigkeit war nicht festzustellen, lediglich wurden die Spiralen bei größer werdendem Vorschub kürzer.

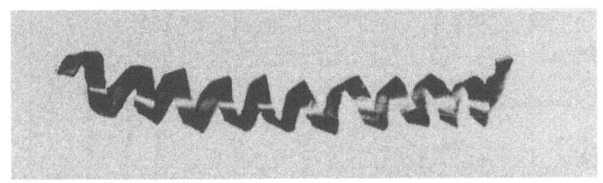

Abbildung 20
Bohrspan

Werkstoff VI

Für die Versuche s = 0,14 und 0,2 mm/U wurden Bohrversuche mit Schnittgeschwindigkeiten von v = 10 bis 16 m/min durchgeführt. Das Erliegen der Bohrer trat durch Querschneiden- und Eckenverschleiß auf, wobei der Bohrer wieder bei der höchsten Geschwindigkeit durch starken Verschleiß an der Querschneide schneidunfähig wurde. Die Standweggeraden L = f (v) in Abbildung 21a lassen folgende V_{L2000}-Werte entnehmen:

$$s = 0,14 \text{ mm/U} \quad : \quad V_{L2000} = 10,5 \text{ m/min}$$
$$s = 0,2 \text{ mm/U} \quad : \quad V_{L2000} = 9,5 \text{ m/min}$$

Abbildung 22a zeigt den normalen Verlauf von Drehmoment und Vorschubkraft über Vorschub und Schnittgeschwindigkeit. Für s = 0,2 mm/U und v = 14 m/min betragen

$$M_d = 130 \text{ cmkg} \quad P_a = 310 \text{ kg}.$$

Die sehr zähen, gewendelten Fließspäne erschwerten die Spanabfuhr und damit ein einwandfreies Arbeiten, da der Bohrer mit einem Knäuel von Spänen umgeben war. Bei größerem Vorschub ergeben sich kurze Spanlocken und gezackte Spiralstücke.

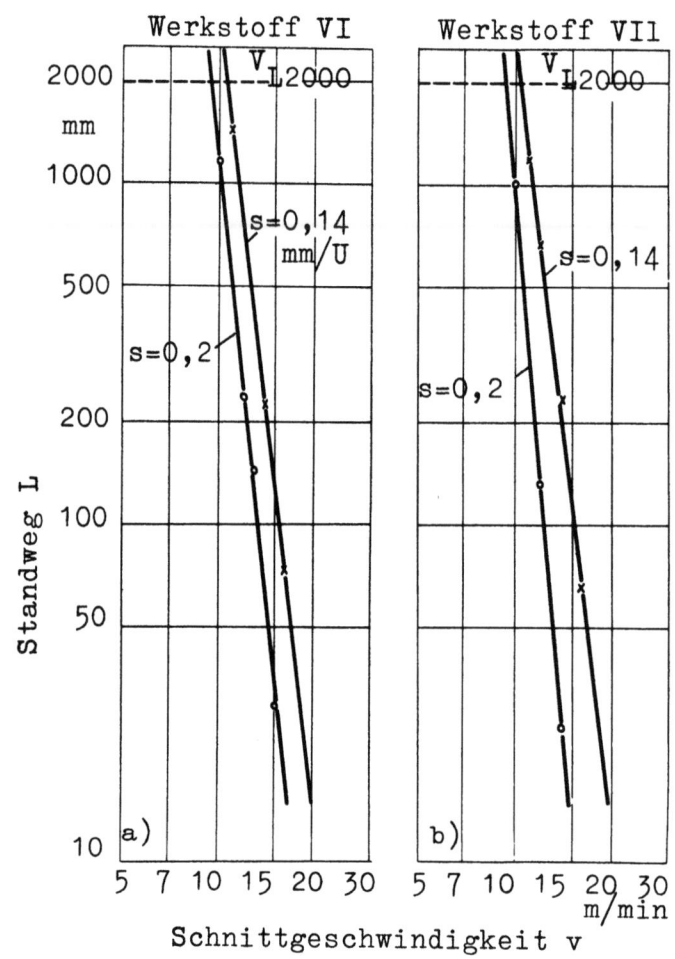

Abbildung 21

Standweggeraden L = f (v) für Werkstoff VI und VII

Werkzeug: HSS-Spiralbohrer 12⌀ mm, Spitzenwinkel: $\varepsilon = 116°$

Kühlung: 3 % Bohröl-Emulsion

Werkstoff VII

Abbildung 21b gibt die Standweggeraden L = f (v) für die Vorschübe s = 0,14 und 0,2 mm/U wieder. Das Erliegen der Werkzeuge trat wiederum bei

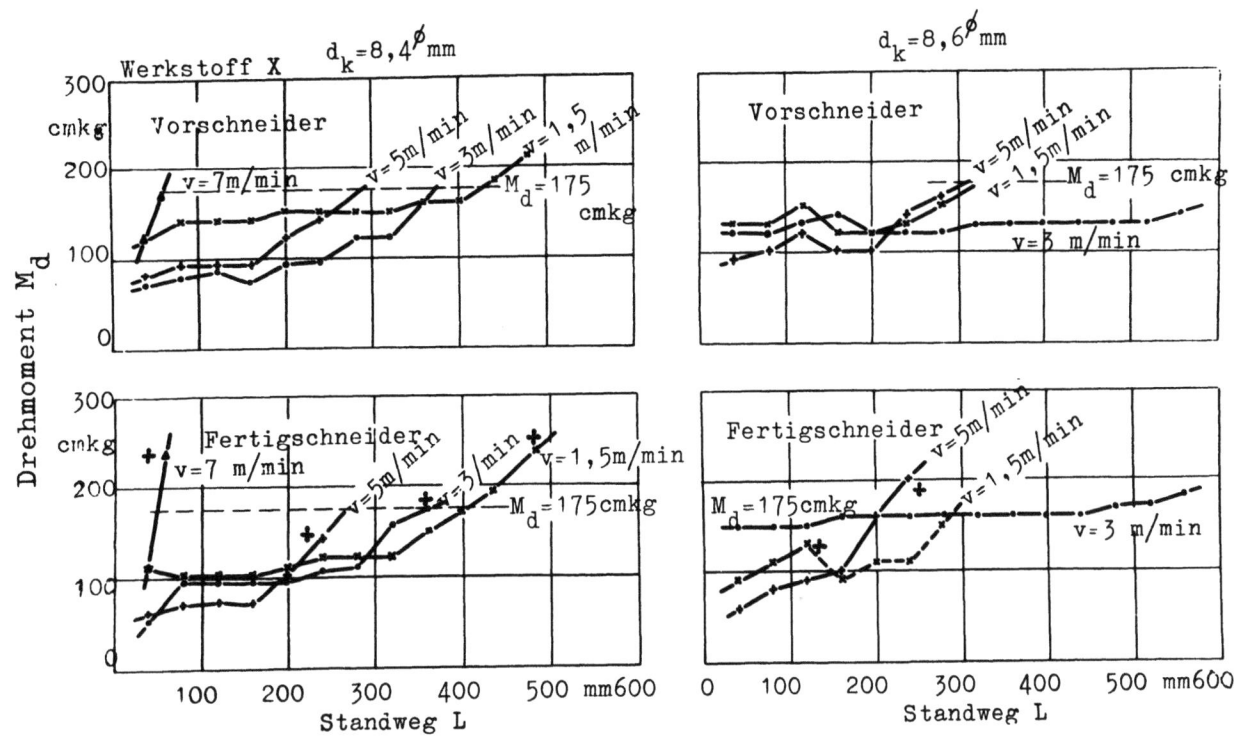

Abbildung 22

Drehmoment und Axialkraft in Abhängigkeit von
Schnittgeschwindigkeit und Vorschub

Werkzeug: HSS-Spiralbohrer 12⌀ mm; Spitzenwinkel: $\varepsilon = 116°$

Kühlung: 3 % Bohröl-Emulsion

allen Geschwindigkeiten durch Eckenverschleiß ein. Die V_{L2000}-Werte sind folgende:

$$s = 0,14 \text{ mm/U} \quad V_{L2000} = 10,4 \text{ m/min}$$
$$s = 0,2 \text{ mm/U} \quad V_{L2000} = 9,3 \text{ m/min}$$

Ein Vergleich zu Werkstoff VI zeigt nur äußerst geringe Unterschiede in der Bohrbarkeit. Werkstoff VII ist legierungsmäßig der gleiche Werkstoff, nur wurde vor dem fünfstündigen Anlassen bei 750°C eine 12 - 15 %ige Warmkaltverformung vorgenommen, wodurch eine Festigkeits- und Härtesteigerung um etwa 20 % erzielt wurde.

Auch Drehmoment und Vorschubkraft (Abb. 22b), welche die normale Tendenz zeigen, sind gegenüber Werkstoff VI für die angesetzten Schnittbedingungen

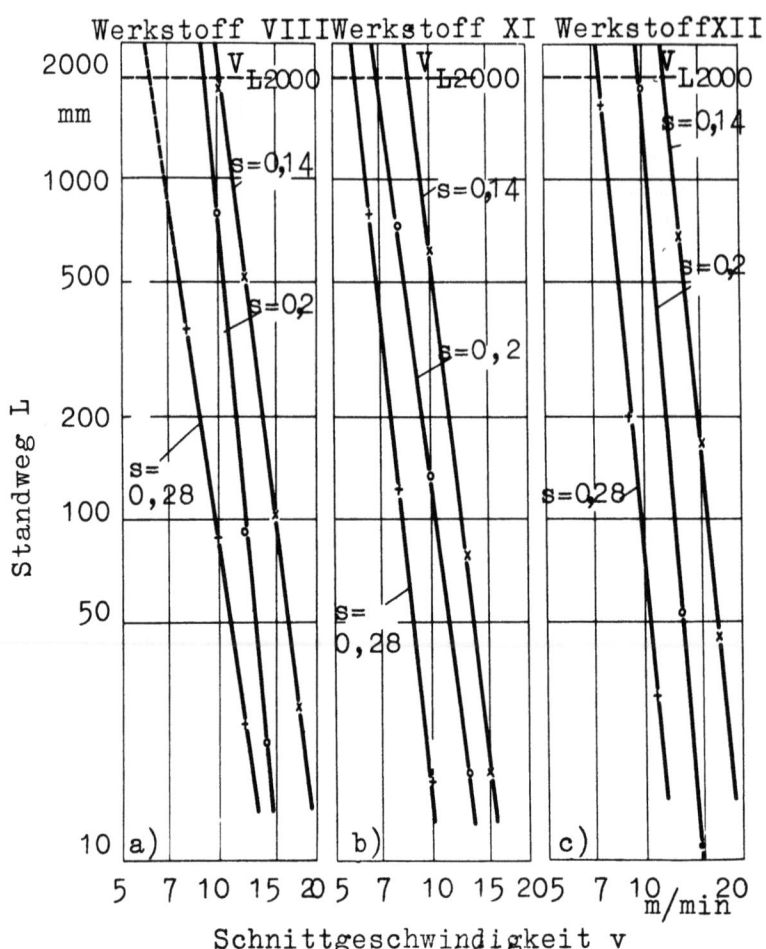

Abbildung 23

Standweggeraden L = f (v) für Werkstoff VIII, IX und XII

Werkzeug: HSS-Spiralbohrer 12⌀ mm, Spitzenwinkel: $\varepsilon = 116°$

Kühlung: 3 % Bohröl-Emulsion

$s = 2$ mm/U und $v = 14$ m/min gleich und betragen

$$M_d = 130 \text{ cmkg und } P_a = 310 \text{ kg}.$$

Die Spanabfuhr entsprach derjenigen bei Werkstoff VI. Weiterhin ist - wie auch bei anderen Werkstoffen - mit größer werdender Gesamtlochtiefe eine unterschiedliche Spanbreite zu beobachten, die durch das Verschleißen der Bohrerschneiden entsteht. So ist z.B. eine Hauptschneide von der Querschneide her schon abgestumpft und schneidet nur noch auf der äußeren Hälfte, wodurch weniger breite Späne entstehen. Die andere Hauptschneide muß dann die restliche Bohrarbeit zusätzlich übernehmen.

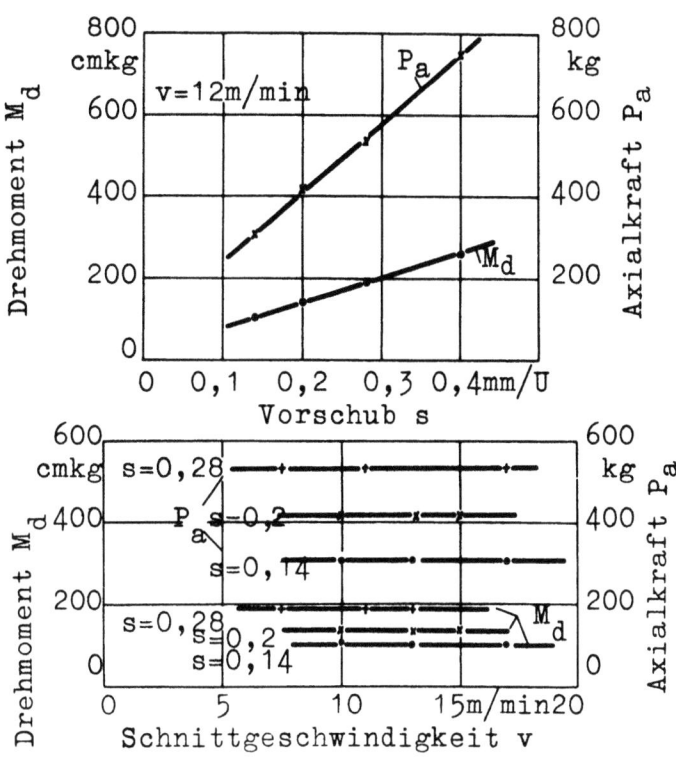

Abbildung 24

Drehmoment und Axialkraft in Abhängigkeit von
Schnittgeschwindigkeit und Vorschub

Werkzeug: HSS-Spiralbohrer 12 mm, Spitzenwinkel: $\varepsilon = 116°$

Kühlung: 3 % Bohröl-Emulsion

Werkstoff VIII

Die Standzeitgeraden dieses mit etwa 20 % Kobalt-legierten Werkstoffes sind für die Vorschübe s = 0,14, 0,2 und 0,28 mm/U in Abbildung 23a aufgetragen. Dabei wurde der Versuch mit den Schnittbedingungen s = 0,28 mm/U und v = 6 m/min wegen Materialmangel nicht zu Ende geführt; es wurde bis dahin eine Gesamtbohrtiefe von L = 1350 mm erreicht. Die V_{L2000}-Werte sind wie folgt:

s = 0,14 mm/U   v = 10,2 m/min
s = 0,2 mm/U   v = 9,0 m/min
s = 0,28 mm/U   v = 6,2 m/min,

wobei letztere durch Abbrechen des oben beschriebenen Versuches durch Extrapolation bestimmt wurde. Das Ausgeben der Bohrer trat durch Ecken-, Hauptschneiden- und Querschneidenverschleiß ein.

Drehmoment M_d und Axialkraft P_a zeigen den üblichen geradlinigen Verlauf und sind in Abhängigkeit von Vorschub und Schnittgeschwindigkeit in Abbildung 24 aufgetragen. Dabei ist der Anstieg der Vorschubkraft über dem Vorschub größer als bei den vorhergehenden Werkstoffen. So ergeben sich für v = 12 m/min folgende Werte für Axialkraft und Drehmoment:

$$s = 0,2 \text{ mm/U} : M_d = 140 \text{ cmkg}, \quad P_a = 420 \text{ kg}$$
$$s = 0,4 \text{ mm/U} : M_d = 260 \text{ cmkg}, \quad P_a = 750 \text{ kg}.$$

Die Spanabfuhr bei Werkstoff VIII ist als gut zu bezeichnen; es bilden sich kurze enggerollte Wendel, die mit zunehmender Gesamtbohrtiefe noch kürzer werden und als Spanbruchstücke durch die Emulsion leicht aus der Bohrung gefördert werden.

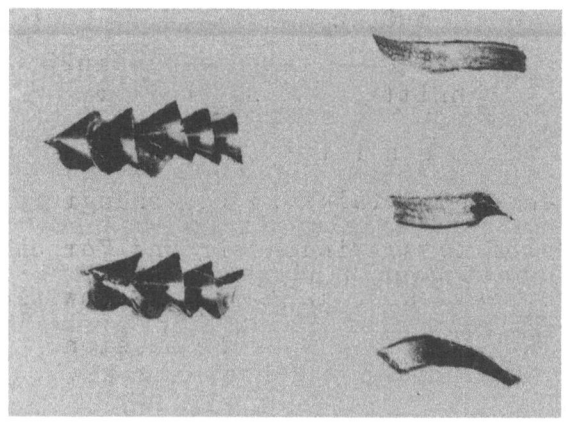

A b b i l d u n g   25

Bohrspäne bei Bohren von Werkstoff VIII

Mit größer werdendem Vorschub wurden die Spirallocken ebenfalls kürzer und ließen sich gut abführen.

Werkstoff IX

Für Schnittgeschwindigkeiten von 12 bis 24 m/min wurden bei 3 Vorschüben die Standweggeraden ermittelt. Die Versuche mit den Vorschüben s = 0,2 und 0,28 konnten wegen Materialmangel nicht auch bei niedrigen Schnittgeschwindigkeiten durchgeführt werden, weshalb die V_{L2000}-Werte nur durch sehr weite Extrapolation zu ermitteln sind (Abb. 26a):

$$s = 0,14 \text{ mm/U} : \quad V_{L2000} = 14,1 \text{ m/min}$$
$$s = 0,2 \text{ mm/U} : \quad V_{L2000} = 9,9 \text{ m/min}$$
$$s = 0,28 \text{ mm/U} : \quad V_{L2000} = 8,3 \text{ m/min}$$

Hierbei war der Eckenverschleiß maßgebend für das Erliegen und Stumpfwerden des Bohrers, was gleichzeitig durch ein plötzliches Ansteigen des Axialdruckes angezeigt wurde. Drehmoment und Axialkraft verhalten sich normal (Abb. 27a) und sind geringer als beim Werkstoff VIII. Für $s = 0,2$ mm/U und $v = 15$ m/min betragen

$$M_d = 100 \text{ cmkg und } P_a = 240 \text{ kg}$$

Beim Bohren dieses Werkstoffes bilden sich lange und sehr zähe Fließspäne, die sich schlecht abführen lassen. Beim größeren Vorschub und kleinen Geschwindigkeiten entstehen dagegen kurz gebrochene aber weite Wendel, die gut aus der Bohrung herausgefördert werden können.

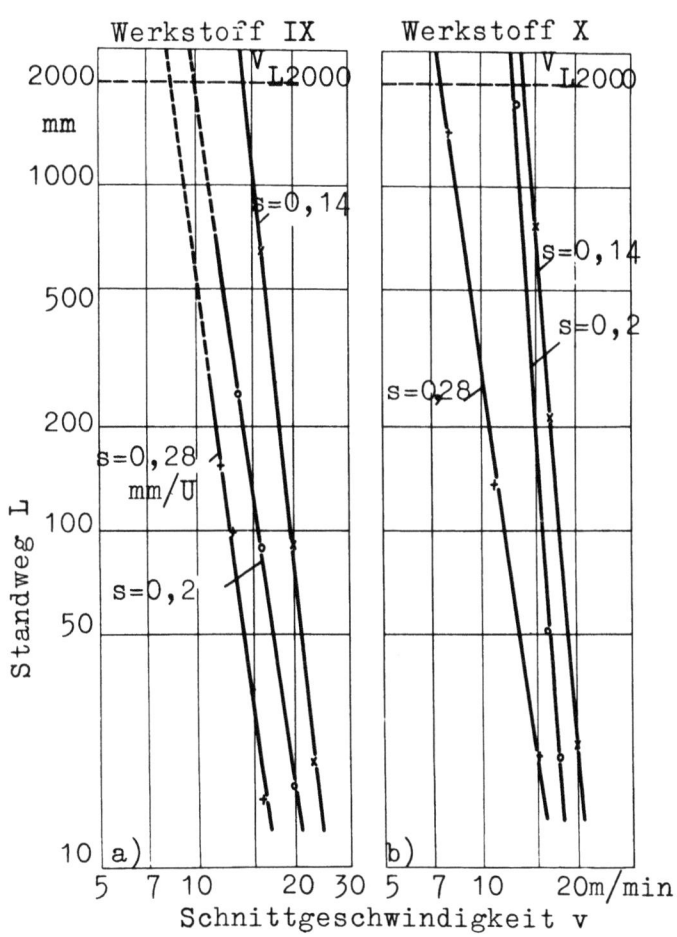

Abbildung 26

Standweggeraden $L = f(v)$ für Werkstoff IX und X

Werkzeug: HSS-Spiralbohrer 12⌀ mm, Spitzenwinkel: ε 116°

Kühlung: 3 % Bohröl-Emulsion

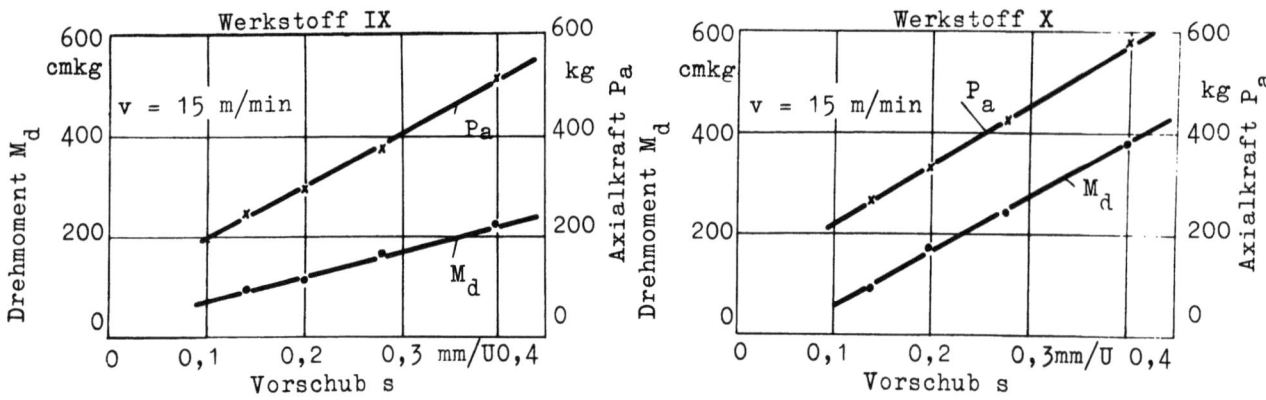

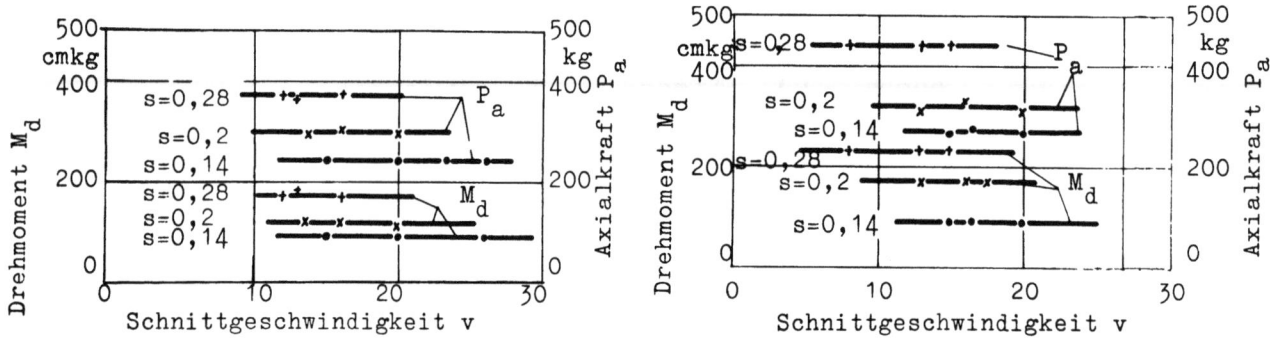

Abbildung 27

Drehmoment und Axialkraft in Abhängigkeit von
Schnittgeschwindigkeit und Vorschub

Werkzeug: HSS-Spiralbohrer 12⌀ mm, Spitzenwinkel: ε 116°

Kühlung: 3 % Bohröl-Emulsion

Werkstoff X

Gegenüber Werkstoff IX besteht nur ein Unterschied in der Wärmebehandlung. Werkstoff X wurde nach dem ersten Glühen bei 1130°C und Abschrecken in Wasser einer 12 bis 15 %igen Warm-Kaltverformung unterworfen; Härte und Festigkeit stiegen um etwa 30 % an. Durch diese Steigerung in der Zugfestigkeit wurde die Bohrbarkeit jedoch nicht verschlechtert, wie die V_{L2000}-Werte, die dem Standweg-Diagramm in Abbildung 26b entnommen wurden, zeigen.

$s = 0,14$ mm/U : $V_{L2000} = 13,5$ m/min

$s = 0,2$ mm/U : $V_{L2000} = 12,5$ m/min

$s = 0,28$ mm/U : $V_{L2000} = 7,5$ m/min

Vorschubkraft und Drehmoment zeigen in Abhängigkeit vom Vorschub etwa den gleichen Anstieg (Abb. 27b). Für s = 0,2 mm/U und v = 15 m/min liegen beide Schnittkraftgrößen etwas höher als bei Werkstoff X:

$$M_d = 170 \text{ cmkg und } P_a = 330 \text{ kg}.$$

Spanabfuhr und Spanformen waren etwa die gleichen wie bei Werkstoff IX.

Werkstoff XI

Dieser stark nickellegierte Werkstoff mit einem Zusatz von 1,4 % Titan ließ sich in seinem Anlieferungszustand (1/2 h 1100°/Öl + 5 h 750°/Luft) nur sehr schwer bohren. Es wurden an ihm lediglich die Stichversuche zur Bestimmung des Spitzenwinkels durchgeführt. Dabei war die übliche Spanbildung zu beobachten, jedoch ließen sich keine genügend großen Standzeiten erzielen. So wurden die Bohrproben einer erneuten Wärmebehandlung (1 Stunde Glühen bei 1050°C mit anschließendem Abschrecken in Wasser) unterzogen. Durch diese Behandlung wurde die Bohrbarkeit verbessert, obgleich gefügemäßig (vergl. Forschungsbericht 351, Abb. 17 und 18) kein großer Unterschied festzustellen ist.

In Abbildung 23b sind die Standweggeraden L = f (v) für verschiedene Vorschübe dargestellt; die Steigung ist fast gleich groß. Das Erliegen der Bohrer geschah durch Eckenverschleiß. Es ergaben sich folgende V_{L2000}-Werte:

$$s = 0,14 \text{ mm/U} : \quad V_{L2000} = 8,5 \text{ m/min}$$
$$s = 0,2 \text{ mm/U} : \quad V_{L2000} = 6,8 \text{ m/min}$$
$$s = 0,28 \text{ mm/U} : \quad V_{L2000} = 5,7 \text{ m/min}$$

In Abhängigkeit vom Vorschub ergibt sich eine geradlinige Tendenz für Vorschubkraft und Drehmoment (Abb. 28a). Über der Schnittgeschwindigkei bleiben beide Meßgrößen für den hier untersuchten Bereich konstant. Bei s = 0,2 mm/U und v = 10 m/min betragen M_d = 130 cmkg und P_a = 330 kg.

Die Spanabfuhr ist wegen der zähen Fließspäne als schlecht zu bezeichne Mit zunehmender Lochtiefe findet man ausgezackte Wendel, die das Heraus fördern weiter verschlechtern.

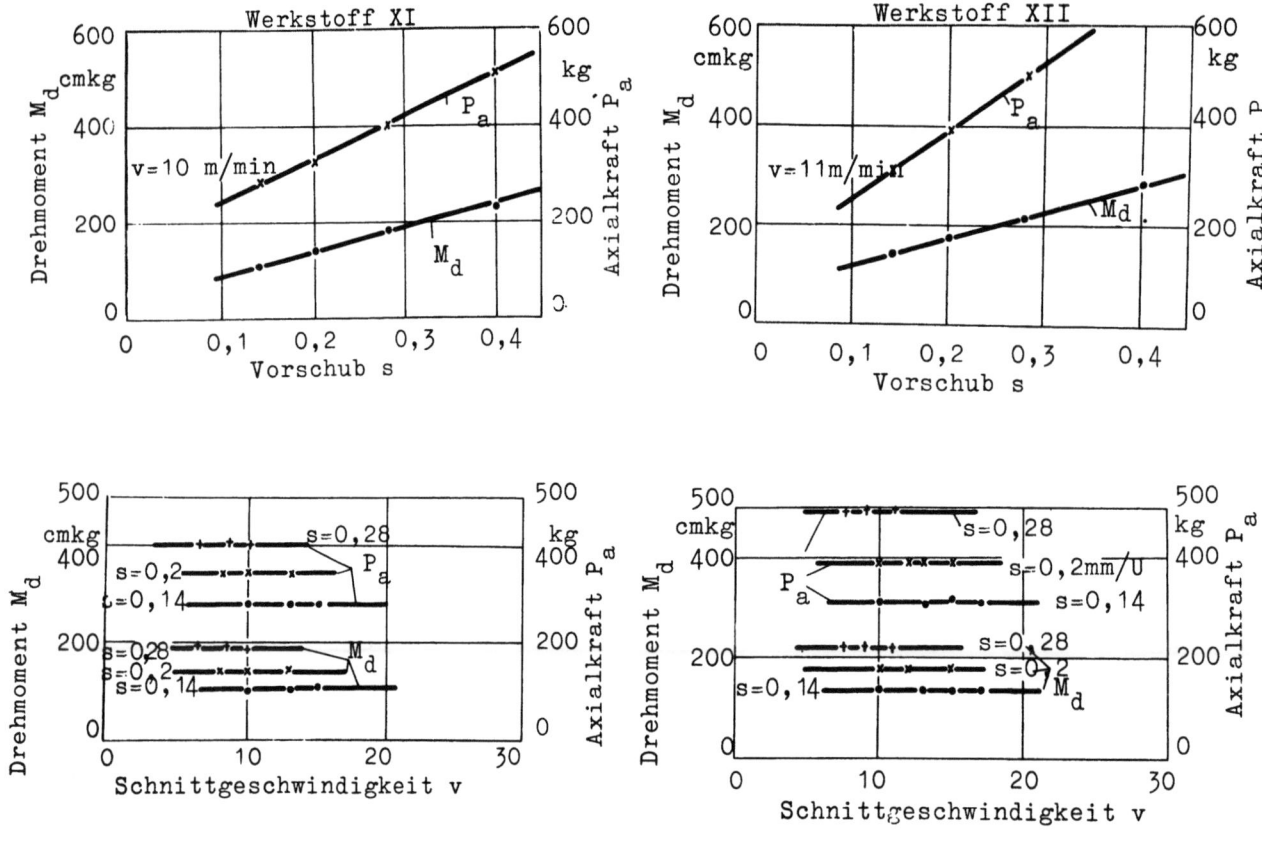

Abbildung 28

Drehmoment und Axialkraft in Abhängigkeit von
Schnittgeschwindigkeit und Vorschub

Werkzeug: HSS-Spiralbohrer 12⌀ mm, Spitzenwinkel: $\varepsilon = 116°$

Kühlung: 3 % Bohröl-Emulsion

Werkstoff XII

Abbildung 23c zeigt die Standweggeraden für die Vorschübe s = 0,14, 0,2 und 0,28 mm/U. Das Erliegen der Bohrer trat durch Eckenverschleiß ein. Es ergaben sich folgende Werte für die Bohrbarkeitskennziffer V_{L2000}:

$$s = 0{,}14 \text{ mm/U}: \quad V_{L2000} = 11{,}5 \text{ m/min}$$

$$s = 0{,}2 \text{ mm/U}: \quad V_{L2000} = 9{,}7 \text{ m/min}$$

$$s = 0{,}28 \text{ mm/U}: \quad V_{L2000} = 7{,}2 \text{ m/min}$$

Drehmoment und Vorschubdruck zeigen die bekannten Abhängigkeiten von Vorschub und Schnittgeschwindigkeit (Abb. 28b) und ergeben für s = 0,2 mm/U und v = 11 m/min zu M_d = 175 cmkg und P_a = 390 kg.

Die Spanbildung entsprach in etwa der von Werkstoff VIII, jedoch entstanden hier sehr kurze Bröckelspäne, die ohne Schwierigkeiten mit der Bohröl-Emulsion aus der Bohrung herausgefördert wurden.

Werkstoff XIII

Dieser Werkstoff mit einem Kobaltgehalt von etwa 48 %, einer Festigkeit von σ_B = 110 kg/mm^2 und einer Härte von H_B = 300 kg/mm^2 ließ sich in seinem Anlieferungszustand praktisch nicht bohren. Mit verschieden angeschliffenen Bohrern wurden Bohrtiefen von nur 20 bis 30 mm Tiefe erreicht. Daher wurde eine erneute Wärmebehandlung (1 Stunde Glühen bei 1200°C mit anschließendem Abschrecken in Wasser) vorgenommen und erneut Bohrversuche vorgenommen[1]. Gefügemäßig ergaben sich starke Unterschiede für die beiden Behandlungszustände, jedoch wurde die Bohrbarkeit trotz günstiger Spanabfuhr kaum verbessert. Aus diesem Grunde wurden keine weiteren Versuche durchgeführt.

4.111 Vergleich der Versuchsergebnisse beim Bohren hochwarmfester Werkstoffe mit SS-Spiralbohrer 12 mm ⌀

Abbildung 29 zeigt den Vergleich der Standweggeraden L = f (v) für die Vorschübe s = 0,14 und 0,2 mm/U. Es ergaben sich drei Bereiche, wobei jeweils die Werkstoffe IV, IX, X; V, VI, VII, VIII, XII und Werkstoff XI getrennt liegen. Die beste Bohrbarkeit weisen dabei die Werkstoffe IV, IX und X auf, während Werkstoff XI stark abfällt.

Ein Vergleich der Bohrbarkeitskennziffer V_{L2000} ist in Abbildung 30 dargestellt. Hier sind die V_{L2000}-Werte für die einzelnen Vorschübe und Werkstoffe als Säulendiagramme aufgetragen. Auch hier lassen sich die drei Werkstoffbereiche erkennen. Die folgende Tabelle gibt diese V_{L2000}-Werte in der Zusammenstellung wieder.

Für einen Vorschub s = 0,14 mm/U und eine Schnittgeschwindigkeit v = 15 m/min sind in Säulenform Drehmoment und Axialkraft zum Vergleich zusammengestellt (Abb. 31). Nur Werkstoff XII zeigt für diese Schnittbedingungen ein Drehmoment, das höher liegt als das der übrigen Werkstoffe.

---

1. vergl. Forschungsbericht 351, Abbildungen 19 und 20

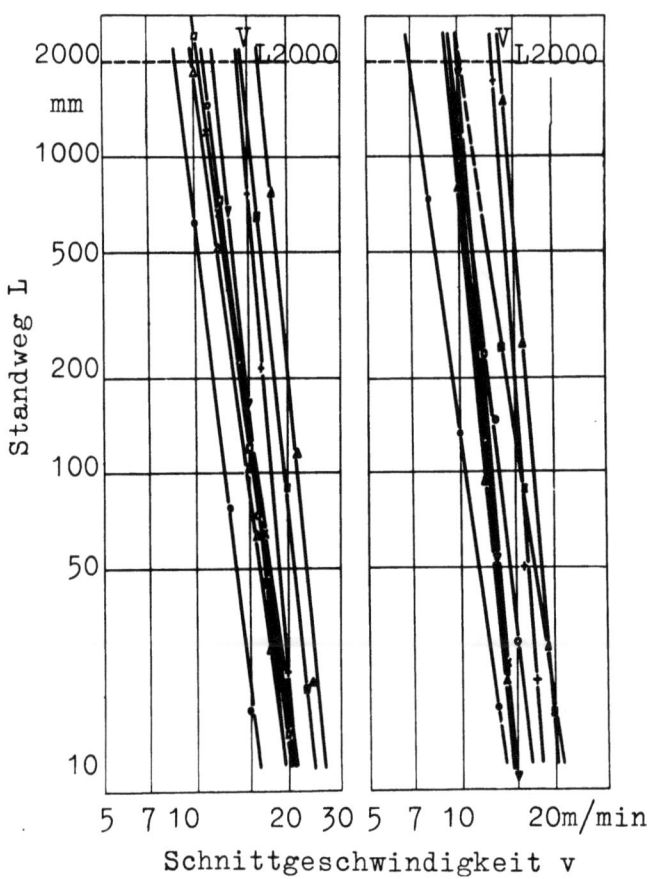

Abbildung 29

Vergleich der Standweggeraden L = f (v) für d = 12⌀ mm

Werkzeug: HSS-Spiralbohrer 12⌀ mm, Spitzenwinkel: $\varepsilon = 116°$

Kühlung: 3 % Bohröl-Emulsion, Vorschub: s = 0,14 mm/U, s = 0,2 mm/U

IV —▲—▲—▲—   IX —□—□—□—
V —□—□—□—   X —+—+—+—
VI —○—○—○—   XI —●—●—●—
VII —×—×—×—   XII —▽—▽—▽—
VIII—△—△—△—

Bei der Axialkraft sind die Unterschiede etwas stärker; hier zeigt sich für die mit Kobalt legierten Werkstoffe VIII und XII die höchste Vorschubkraft. Eine eindeutige Klassifizierung der Bohrbarkeit durch diese Schnittkraftmessungen ist nicht möglich, was auch aus der Gegenüberstellung der Werte für die Bohrbarkeitskennziffer, des Drehmomentes und der Axialkraft hervorgeht (vergl. Tabelle 3).

Die Werkstoffe IV bis VII und IX haben für die hier angeführten Schnittbedingungen etwa das gleiche Drehmoment und die gleiche Axialkraft.

Tabelle 2

Bohrbarkeitskennziffer V_{L2000} beim Bohren hochwarmfester Werkstoffe mit SS-Spiralbohrern 12 ⌀

Werkstoff	s = 0,14	Vorschub s (mm/U) 0,2	0,28
IV	17,0	13,5	-
V	10,4	-	-
VI	10,5	9,5	-
VII	10,4	9,3	-
VIII	10,2	9,0	6,2
IX	14,1	9,9	8,3
X	13,5	12,5	7,5
XI	8,5	6,8	5,7
XII	11,5	9,7	7,2

Tabelle 3

Vergleich von V_{L2000}, M_d und P_a bei v = 15 m/min und s = 0,14 mm/U

Werkstoff	V_{L2000} m/min	M_d cmkg	P_a kg
IV	17,0	95	240
V	10,4	100	240
VI	10,5	95	245
VII	10,4	100	245
VIII	10,2	100	310
IX	14,1	90	240
X	13,5	90	270
XI	8,5	110	280
XII	11,5	140	310

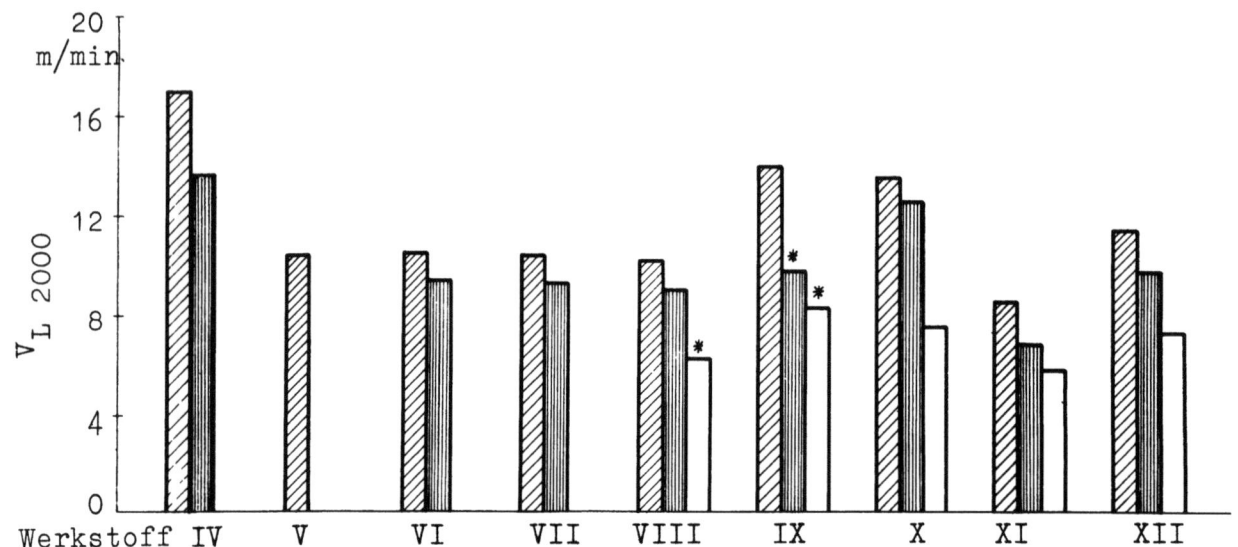

Abbildung 30

Vergleich der Bohrbarkeitskennziffer V_{L2000} beim Bohren hochwarmfester Werkstoffe

Werkzeug: HSS-Spiralbohrer 12 ⌀ mm

Spitzenwinkel: $\epsilon = 116°$

Kühlung: 3 % Bohröl-Emulsion

▨ s = 0,14 mm/Umdr.
▥ s = 0,2 mm/Umdr.
▨ s = 0,28 mm/Umdr.

* stark extrapoliert

Trotzdem liegen die Werte für die V_{L2000} sehr unterschiedlich zwischen 10 und 17 m/min. Dagegen ergibt sich beim Werkstoff VIII trotz einer sehr hohen Axialkraft P_a = 310 kg die gleiche V_{L2000} wie z.B. beim Werkstoff V mit einer P_a = 240 kg.

4.12 Versuchsergebnisse für das Bohren hochwarmfester Werkstoffe mit HSS-Spiralbohrern der Durchmesser 8,4   8,6 und 8,8 mm ⌀

Die Versuche wurden unter gleichen Bedingungen durchgeführt wie bei den 12 mm-Bohrern, jedoch wurden anstelle von Sacklöchern Durchgangslöcher mit einer Länge von 4 bis 5 mal Bohrerdurchmesser gebohrt, da diese als Kernbohrungen für die anschließenden Gewindebohrversuche vorgesehen waren.

Die Abbildungen 32 und 38 geben die Standweg-Schnittgeschwindigkeitsabhängigkeiten L = f (v) für die einzelnen Werkstoffe und die verschiedenen Bohrerdurchmesser wieder; dazu ist in Abbildung 39 der Vergleich

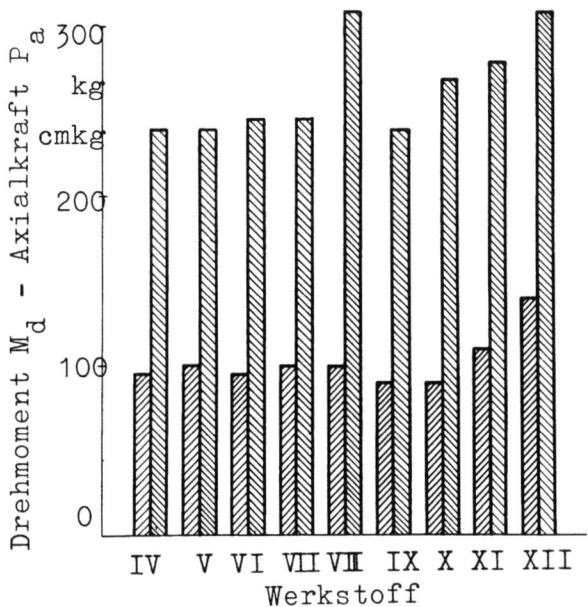

Abbildung 31

Vergleich von Drehmoment und Axialkraft beim Bohren
hochwarmfester Werkstoffe

Werkzeug: HSS-Spiralbohrer 12⌀ mm,   Schnittgeschwindigkeit: v = 15 m/min
Spitzenwinkel: ε = 116°,   Vorschub: s = 0,14 mm/U
Kühlung: 3 % Bohröl-Emulsion,   ▨ Drehmoment M_d ▧ Axialkraft P_a

dieser Standweggeraden für die Vorschübe s = 0,14 und 0,2 mm/U dargestellt.

Die Steigung der Standweggeraden ist nicht stark unterschiedlich und entspricht den bekannten Werten bei Spiralbohrern aus Schnellarbeitsstahl. Der Steigungswinkel liegt zwischen 82 und 87°.

Das Erliegen der Bohrer erfolgte meist durch Ecken- und Hauptschneidenverschleiß mit gelegentlichen Aufschweißungen an der Schneidkante (Aufbauschneide). Bei den für die einzelnen Werkstoffe am höchsten gewählten Schnittgeschwindigkeiten erlag der Bohrer durch plötzliches Abschmoren der Bohrerspitze.

Wegen Werkstoffmangel konnten die Versuche nicht bei allen Werkstoffen so weit durchgeführt werden, daß bei der niedrigsten Schnittgeschwindigkeit etwa ein Standweg von 2000 mm erreicht wurde. So sind die V_{L2000}-Werte zum Teil nur durch starke Extrapolation zu ermitteln und daher unsicher. Diese Werte sind jeweils gekennzeichnet.

Beim Werkstoff XI ergibt sich beim 8,4 mm-Bohrer für den Vorschub s = 0,14 mm/U keine direkte Standweg-Schnittgeschwindigkeitsabhängigkeit, vielmehr liegen die Erliegepunkte für die einzelnen Schnittgeschwindigkeiten in einem bestimmten Streubereich, der in Abbildung 37a schraffiert dargestellt ist. Die Standweggerade für den Vorschub s = 0,2 mm/U liegt innerhalb dieses Streubandes.

Weiterhin sind in Abbildung 40 die V_{L2000}-Werte in Säulendiagrammen für die einzelnen Werkstoffe, Bohrerdurchmesser und Vorschübe dargestellt. Der Schnittgeschwindigkeitsbereich für die V_{L2000} erstreckt sich für die 8,4 und 8,6 mm ⌀-Bohrer von 7,4 bis 12,2 m/min. Die Unterschiede (vergl. auch Tabelle 4 auf Seite 41) in dieser Bohrbarkeitskennziffer zwischen den 8,4 und 8,6 mm ⌀-Bohrern sind gering; sie geben vielmehr den Streubereich der Ergebnisse einer solchen Bohrergröße wieder.

In der Tabelle 4 ist ein Vergleich der V_{L2000}-Werte für einen Vorschub s = 0,14 mm/U und die Bohrerdurchmesser 12; 8,8; 8,6 und 8,4 mm ⌀ durchgeführt.

Gegenüber dem 12 mm ⌀-Spiralbohrer liegen die V_{L2000}-Werte für die geringeren Bohrerdurchmesser entweder gleich oder niedriger. Bei den meisten Werkstoffen ist ein Abfall des Standweges zu verzeichnen. Diese Tatsache liegt an der relativ höheren mechanischen und thermischen Beanspruchung bei gleichen Versuchsbedingungen. Hinzu kommt, daß mit den 8,6 und 8,4 mm-Bohrern Durchgangslöcher gebohrt wurden, wobei entsprechend der erschwerten Bedingungen beim Austritt der Bohrerverschleiß im allgemeinen etwas größer ist als beim Bohren von Sacklöchern.

Schon im Forschungsbericht 351 wurde erwähnt, daß diese hochwarmfesten Werkstoffe sehr leicht zu Rattererscheinungen neigen. Die Rattererscheinungen wurden besonders beim Bohren mit den Spiralbohrern kleinerer Durchmesser festgestellt. Dieser Einfluß kann ebenfalls die erzielbaren Standwege negativ beeinflussen.

Der Vergleich von Drehmoment und Axialkraft zeigt für die angesetzten Schnittbedingungen ebenfalls nur geringe Unterschiede zwischen den untersuchten Bohrerdurchmessern. So sind z.B. bei Werkstoff VI für s = 0,14 mm/U und v = 12 m/min Drehmoment und Vorschubkraft bei den drei Bohrerdurchmessern 8,4, 8,6 und 8,8 mm ⌀ gleich groß. Eine Klassifizierung der Werkstoffe in ihrer Bohrbarkeit durch die Schnittkraftmessungen ist auch

Forschungsberichte des Wirtschafts- und Verkehrsministeriums Nordrhein-Westfalen

bei diesen Spiralbohrerabmessungen nicht gegeben. Lediglich für die konstruktive Ausbildung der Maschine können hieraus Schlüsse gezogen werden.

Tabelle 4

Vergleich der Bohrbarkeitskennziffer V_{L2000} bei verschiedenen Bohrerdurchmessern und s = 0,14 mm/U

V_{L2000} (m/min)

Werkstoff	12,0 ⌀	8,8 ⌀	8,6 ⌀	8,4 ⌀ mm
IV	17,0	-	12,0	12,2
V	10,4	-	12,8*⁾	-
VI	10,5	9,4	10,0	10,0
VII	10,4	-	10,3*⁾	10,4
VIII	10,2	-	7,6	7,4*⁾
IX	14,1	-	-	-
X	13,5	-	11,8	9,0
XI	8,5	-	7,6	-
XII	11,5	-	8,8	9,0

* stark extrapoliert

Spanbildung und Spanabfuhr waren bei diesen Versuchsreihen ähnlich denen beim 12 mm ⌀-Bohrer, jedoch war die Spanabfuhr wegen der kleineren Drallnut am kleineren Bohrer etwas erschwert. Zu Beginn des Bohrerversuches bildete sich ein enggerollter, gezackter, riefiger Wendelspan, der sich mit größer werdender Lochtiefe aufweitete und der Steigung der Drallnut anpaßte. Der zähe lange Span wickelte sich leicht um den Spiralbohrer und erschwerte die Versuchsdurchführung. Mit zunehmender Abstumpfung des Bohrers nahm die Spanbreite ab, die Auszackungen an den Spanrändern wurden größer, vor allem bei größeren Vorschüben.

Bei den Werkstoffen VIII und XII entstanden wiederum kurze enggerollte Wendelspäne, die meist nach einer halben Wendel abbrachen und vom Kühlwasser weggespült wurden. Trotz dieser kurzbrechenden Späne setzten sich diese zwischen Bohrerfase und Lochwand fest und verursachten neben einer erhöhten Fasenreibung einen schnelleren Verschleiß des Bohrers. Weiterhin entstanden beim Bohren von Werkstoff XII bei allen Vorschüben und

Schnittgeschwindigkeiten sehr scharfe nadelartige Späne, die sich ebenfalls leicht festsetzten, bei genügender Kühlmittelzufuhr jedoch aus der Bohrung gespült wurden.

Abschließend ist nochmals zu erwähnen, daß beim Bohren dieser hochwarmfesten Werkstoffe eine gute und ausreichende Kühlung der Spiralbohrerschneide unbedingt erforderlich ist, da die thermische Belastung der Schneide sehr stark ist. Ohne Kühlung können diese Werkstoffe mit Bohrern aus Schnellarbeitsstahl praktisch nicht bearbeitet werden.

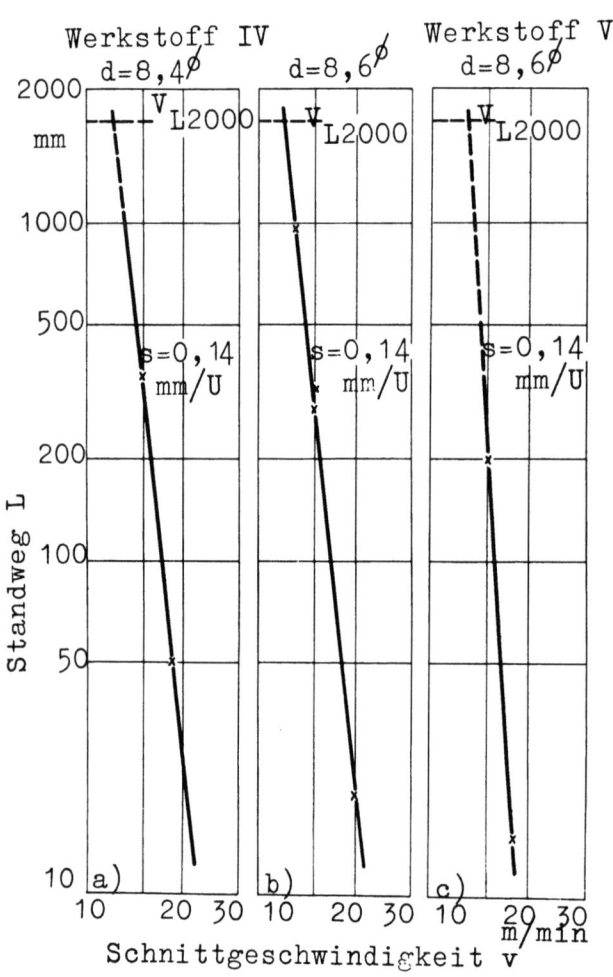

Abbildung 32

Standweggeraden L = f (v) für Werkstoff IV und V

Werkzeug: HSS-Spiralbohrer, Kühlung: 3 % Bohröl-Emulsion

Spitzenwinkel: $\varepsilon = 116°$, Vorschub: s = 0,14 mm/Umdr.

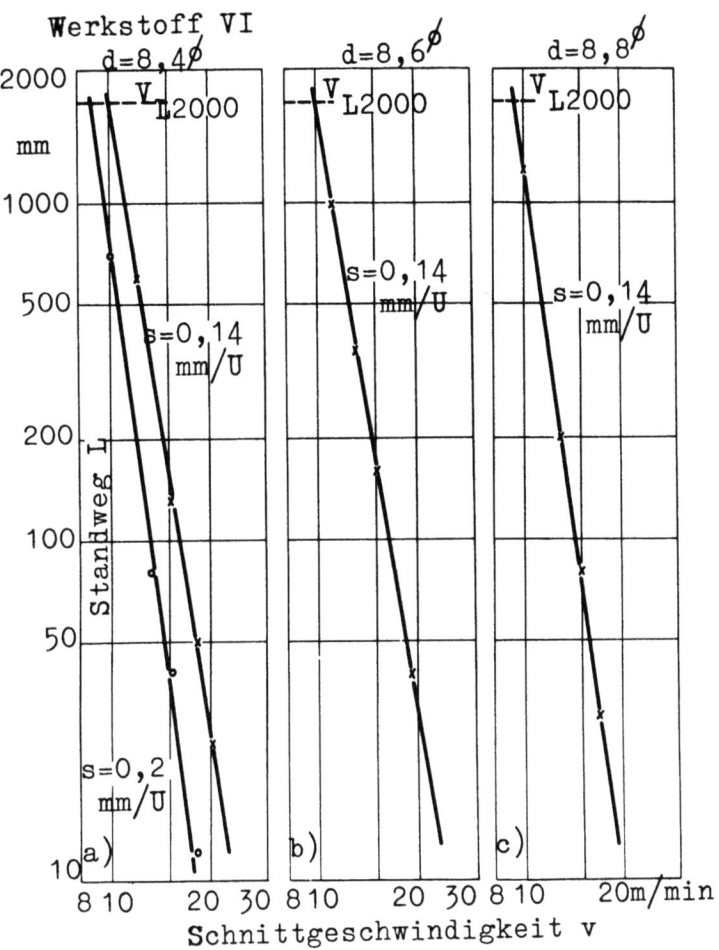

Abbildung 33

Standweggeraden L = f (v) für Werkstoff VI

Werkzeug: HSS-Spiralbohrer, Spitzenwinkel: ε 116°

Kühlung: 3 % Bohröl-Emulsion

4.2 Gewindebohren hochwarmfester Werkstoffe

Das Ziel dieser Gewindebohrversuche war, Schnittbedingungen zu finden, mit denen diese zähharten austenitischen Werkstoffe beim Gewindebohren bearbeitet werden können. Es war erforderlich, Werkzeuge aus hochwertigem Schnellarbeitsstahl und ein Kühlmittel mit intensiver Schmier- und Kühlwirkung bei den Versuchen einzusetzen. Weiterhin wurden verschiedene Kernbohrungsdurchmesser gewählt und bei mehreren Schnittgeschwindigkeiten das Drehmoment in Abhängigkeit vom Standweg gemessen. Im Rahmen dieser Versuche wurde versucht, für ein geeignetes Standwegkriterium eine Standweg-Schnittgeschwindigkeitsabhängigkeit zu ermitteln.

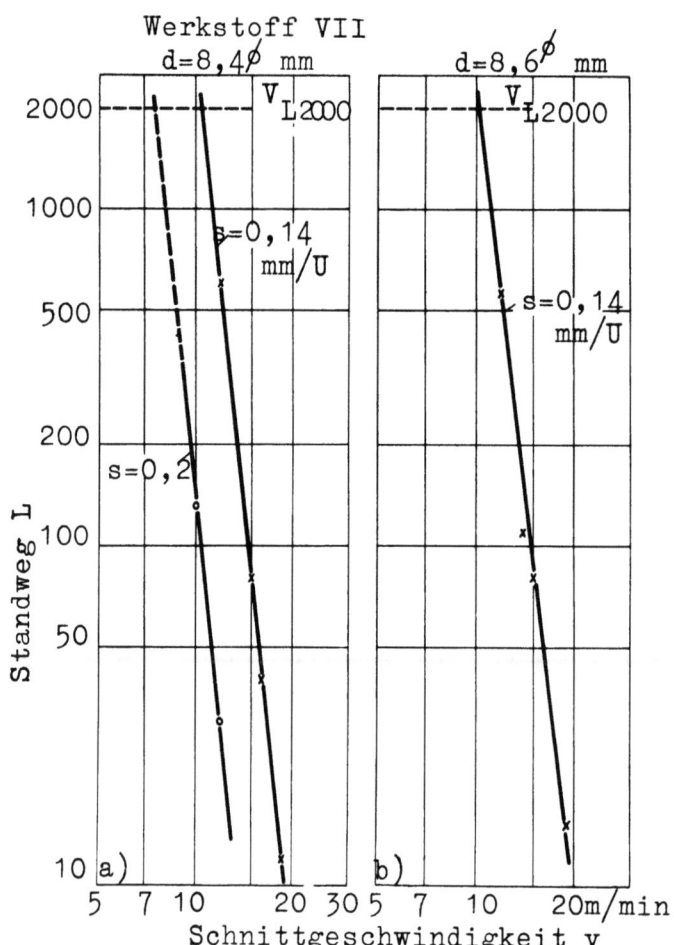

A b b i l d u n g   34
Standweggeraden für Werkstoff VII
Werkzeug: HSS-Spiralbohrer, Spitzenwinkel: ε = 116°
Kühlung: 3 % Bohröl-Emulsion

Im folgenden sind für die einzelnen Werkstoffe und Schnittbedingungen die Meßergebnisse zusammengestellt. Zur Ermittlung des Drehmomentes ist noch anzuführen, daß dieses bei den einzelnen Bohrungen jeweils im Beharrungszustand etwa bei 2/3 Lochtiefe gemessen wurde. Weiterhin wurde nach Fertigstellung des Gewindes eine M 10-Maschinenschraube von Hand in die Bohrung eingeschraubt und das Gewinde auf seine Gängigkeit und Brauchbarkeit geprüft.

Werkstoff IV

In Abbildung 42a (s. S. 49) sind das Drehmoment Md in Abhängigkeit vom Standweg L für die verschiedenen Kerndurchmesser und eine Schnittge-

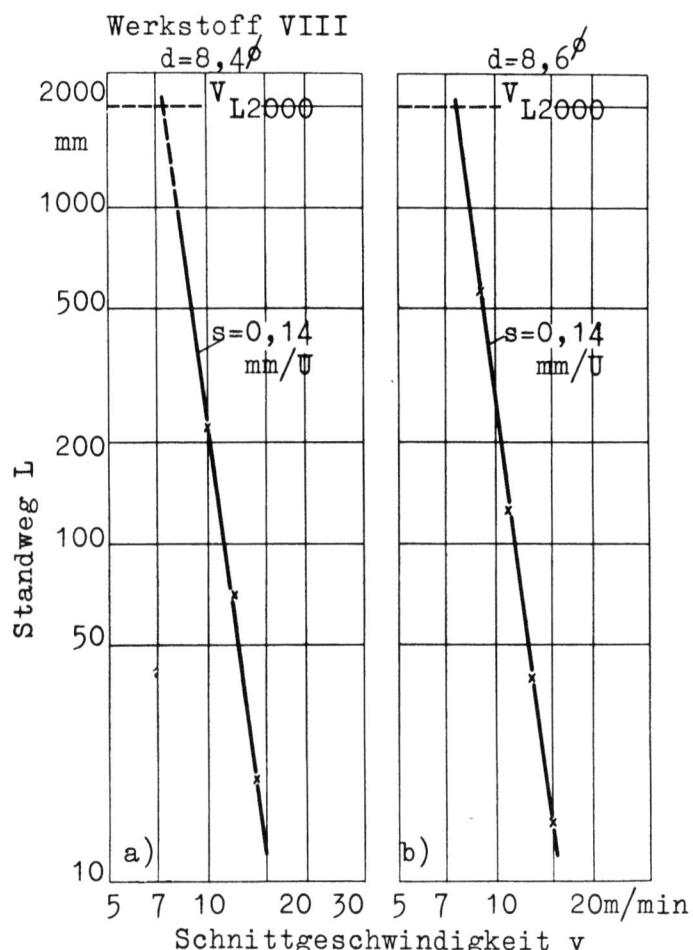

Abbildung 35

Standweggeraden L = f (v) für Werkstoff VIII

Werkzeug: HSS-Spiralbohrer, Spitzenwinkel: $\varepsilon = 116°$

Kühlung: 3 % Bohröl-Emulsion, Vorschub: s = 0,14 mm/Umdr.

schwindigkeit von V = 1,5 m/min für Vor- und Fertigschneider aufgetragen.

Das obere Diagramm zeigt das Ergebnis für einen Kerndurchmesser d_k = 8,4 mm ∅. Hier bleibt das Drehmoment beim Vorschneider bis zu einer Gesamtlochtiefe von etwa 450 mm konstant und steigt dann durch Verschleißwirkung und erhöhte Flankenreibung etwas an. Das Drehmoment für den Fertigschneider steigt allmählich an und wird vor allem bei stärkerem Verschleiß des Vorschneiders entsprechend größer. Bei Ende der Versuchsreihe war eine merkliche Erwärmung der Gewindebohrer festzustellen. Im unteren Diagramm sind das Drehmoment für Vor- und Fertigschneider für das Gewindebohren in einer Kernbohrung mit d_k = 8,6 mm ∅ aufgetragen.

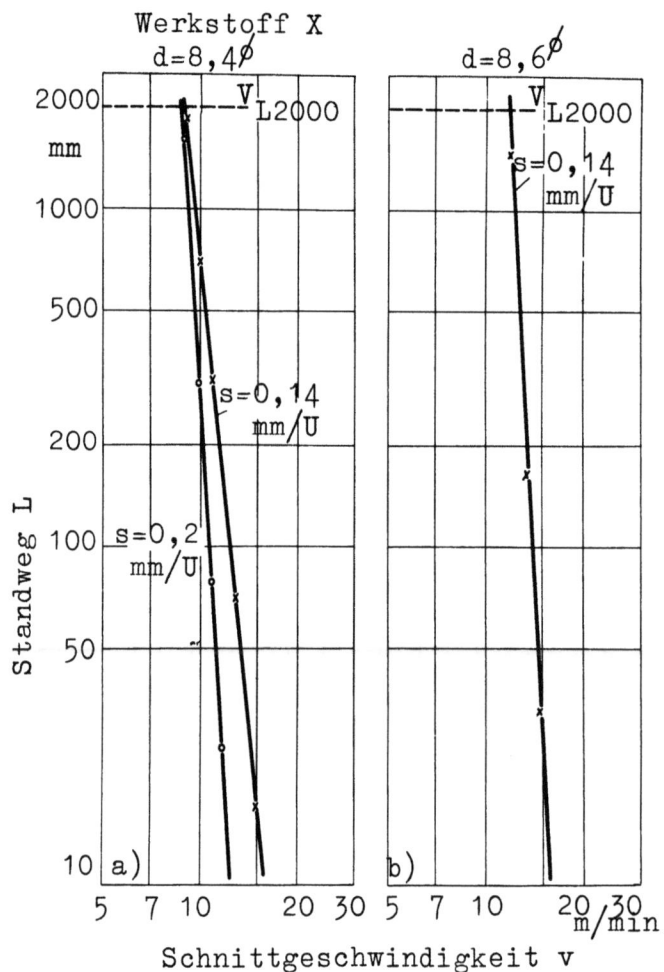

Abbildung 36
Standweggeraden L = f (v) für Werkstoff X
Werkzeug: HSS-Spiralbohrer, Spitzenwinkel: ε = 116°
Kühlung: 3 % Bohröl-Emulsion

Nach 160 mm Standweg war der Vorschneider durch Verschweißen der unteren Gewindegänge schneidunfähig, das Drehmoment stieg beträchtlich an. Beim Fertigschneider zeigt sich ebenfalls ein Ansteigen des Drehmomentes, was auf die stärkere Beanspruchung des Fertigschneiders zurückzuführen ist. In den weiteren Versuchen wurde ein neuer Vorschneider eingesetzt, das Drehmoment des Vor- und Fertigschneiders ging auf die anfängliche Größe des Drehmomentes zurück. Mit zunehmendem Standweg stieg beim Vorschneider das Drehmoment durch Eckenausbrüche und Verschweißungen erneut sehr stark an, was sich wiederum ebenfalls auf das Drehmoment des Fertigschneiders auswirkte. Es wurde dann ein weiterer Vorschneider eingesetzt, jedoch war der Fertigschneider verschlissen und wurde nach

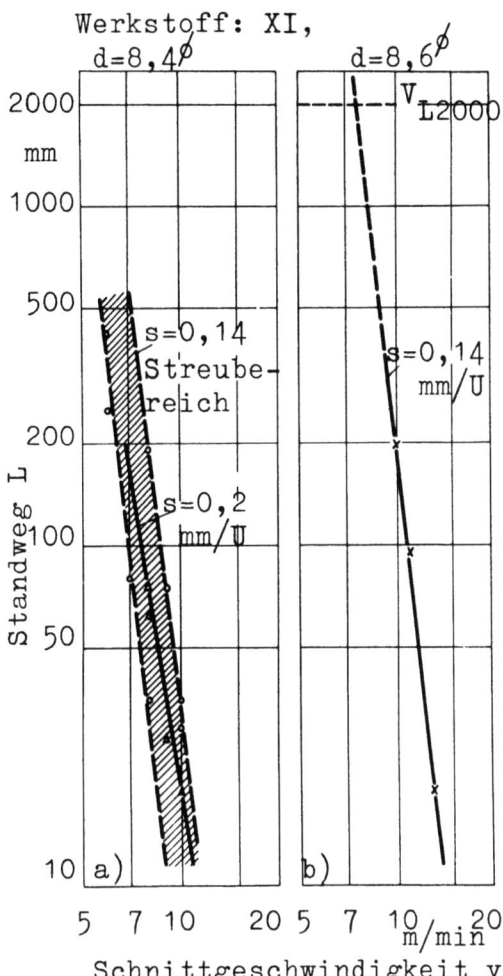

Abbildung 37
Standweggeraden für Werkstoff XI
Werkzeug: HSS-Spiralbohrer, Spitzenwinkel: $\varepsilon = 116°$
Kühlung: 3 % Bohröl-Emulsion

einem Standweg von 760 mm schneidunfähig. Die beiden Diagramme geben die Wechselbeziehung von Vor- und Fertigschneider recht deutlich wieder.

Ein Vergleich zwischen den Ergebnissen bei 8,4 und 8,6 mm ⌀ Kerndurchmesser zeigen für 300 mm Gesamtbohrtiefe, daß beim geringeren Kerndurchmesser das Drehmoment des Vorschneiders wesentlich höher liegt, da er mehr Zerspanungsarbeit leisten muß. Beim Fertigschneider ist dieser Unterschied geringer.

Werkstoff V

Abbildung 42b (s. S. 49) zeigt die Versuchsergebnisse für 8,4 und 8,6 mm ⌀ Kerndurchmesser. An diesem Werkstoff konnten wegen Materialmangel

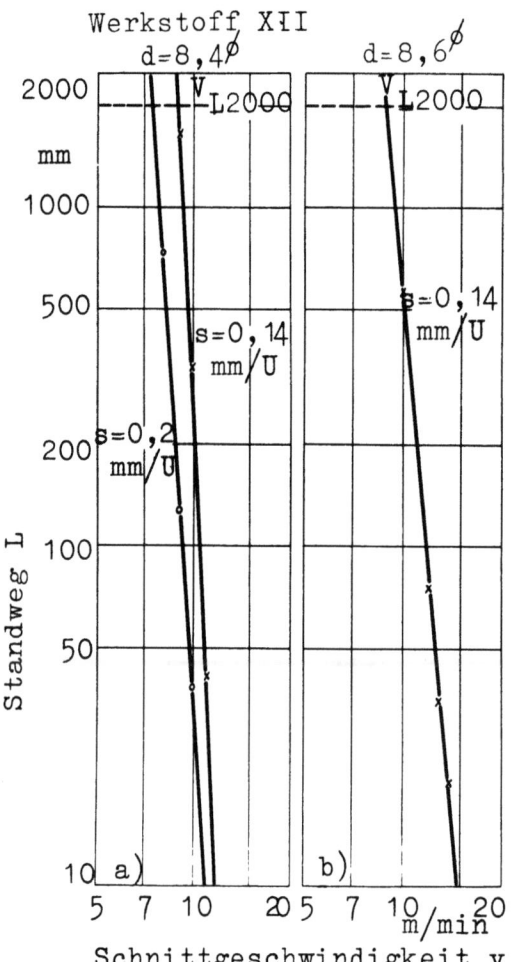

Abbildung 38
Standweggeraden L = f (v) für Werkstoff XII
Werkzeug: HSS-Spiralbohrer, Spitzenwinkel: ε = 116°
Kühlung: 3 % Bohröl-Emulsion

nur wenige Meßpunkte ermittelt werden. Man erkennt aber auch hier deutlich, daß das Drehmoment beim Vorschneider größer ist als beim Fertigschneider, und daß bei einem Kerndurchmesser d_k = 8,4 mm ⌀ die gemessenen Drehmomente für Vor- und Fertigschneider höher liegen. Ein Ausgeben der Fertigschneider trat bei diesen wenigen Versuchen nicht ein, dagegen traten am Vorschneider geringe Verschweißungen auf. Beide Bohrer zeigten eine ziemlich starke Erwärmung, weshalb eine ausreichende Kühlung unbedingt erforderlich ist.

Die Spanbildung war bei beiden Werkstoffen teilweise schlecht. Lange und zähe Wendelspäne mußten durch die Spiralnuten nach oben aus der Bohrung herausgefördert werden.

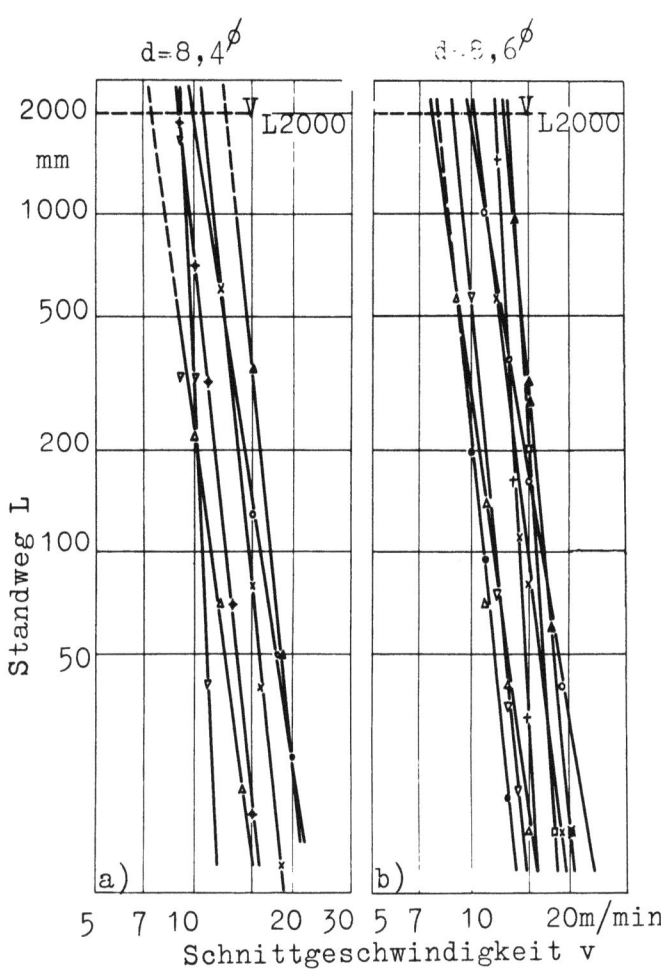

Abbildung 39

Vergleich der Standweggeraden L = f (v) für d = 8,4⌀ und 8,6⌀

Werkzeug: HSS-Spiralbohrer, Spitzenwinkel: $\varepsilon = 116°$

Kühlung: 3 % Bohröl-Emulsion, Vorschub: s = 0,14 mm/Umdr.

Werkstoff VI

Das obere Diagramm in Abbildung 43 (s. S. 50) zeigt den Drehmomentenverlauf über dem Standweg bei 8,6 mm Kerndurchmesser. Beim Vorschneider bleibt das Drehmoment über der gesamten Bohrung fast konstant (M_d = 100 cmkg). Dagegen brach der Fertigschneider bei 280 mm durch Verkanten ab, so daß ein neues Werkzeug verwendet wurde, wobei das Drehmoment bis zum Versuchsende bei 1040 mm Gesamtbohrtiefe konstant M_d = 60 cmkg blieb.

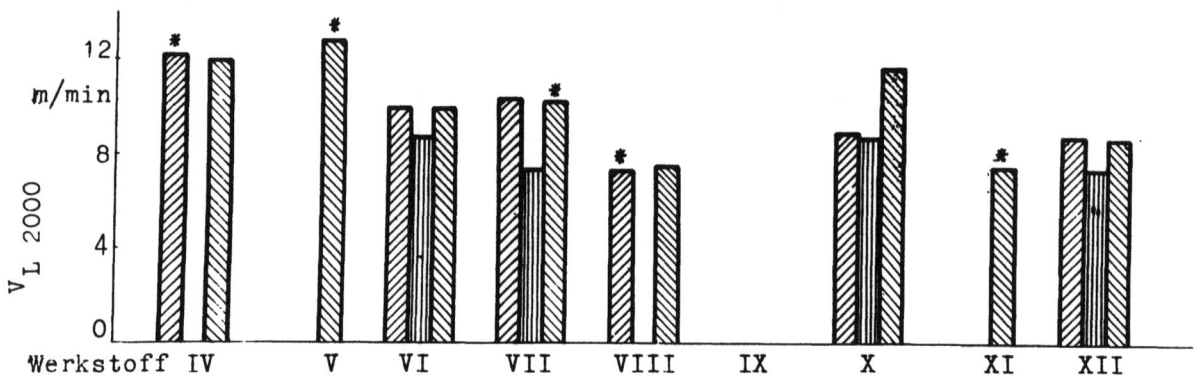

Abbildung 40

Vergleich der Bohrbarkeitskennziffer V_{L2000} beim Bohren hochwarmfester Werkstoffe

Werkzeug: HSS-Spiralbohrer   ▨ $d = 8,4^\phi$ mm; $s = 0,14$ mm/Umdr.

Spitzenwinkel: $\varepsilon = 116°$ ▥ $d = 8,4^\phi$ mm; $s = 0,2$ mm/Umdr.

Kühlung: 3 % Bohröl-Emulsion   ▧ $d = 8,6^\phi$ mm; $s = 0,14$ mm/Umdr.

* stark extrapoliert

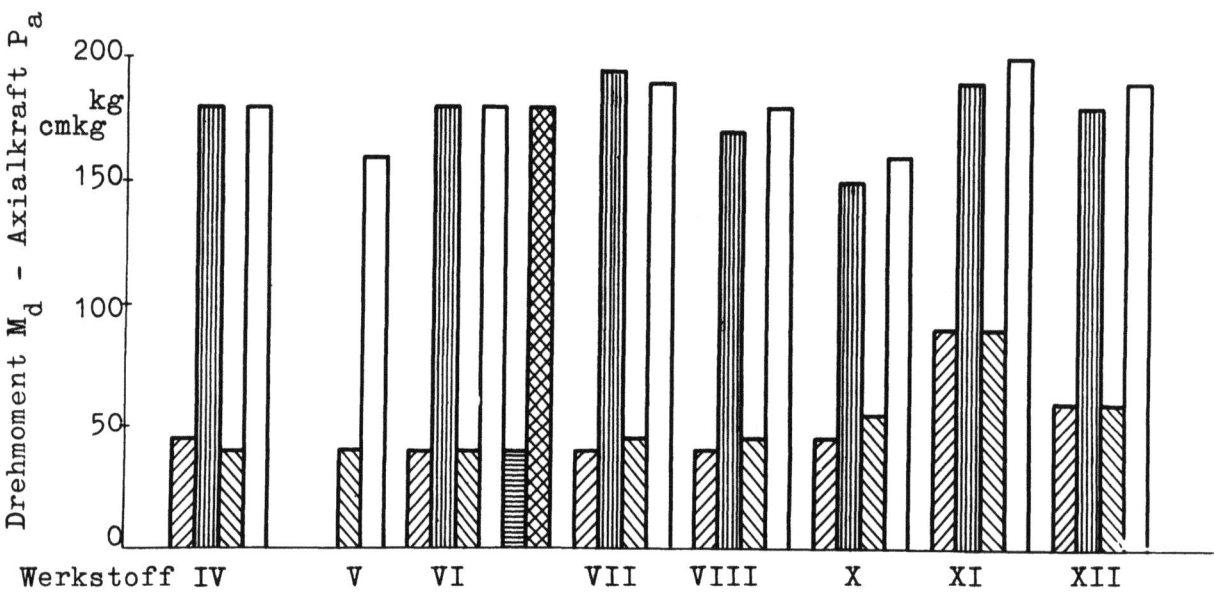

Abbildung 41

Vergleich von Drehmoment und Axialkraft beim Bohren hochwarmfester Werkstoffe

Werkzeug: HSS-Spiralbohrer $8,4^\phi$; $8,6^\phi$; $8,8^\phi$ mm

Spitzenwinkel: $\varepsilon = 116°$

Kühlung: 3 % Bohröl-Emulsion

Vorschub: $s = 0,14$ mm/U

Schnittgeschwindigkeit: $v = 12$ m/min

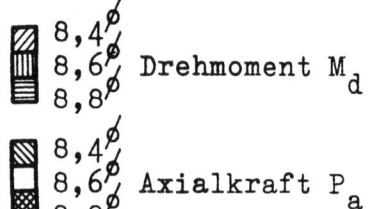

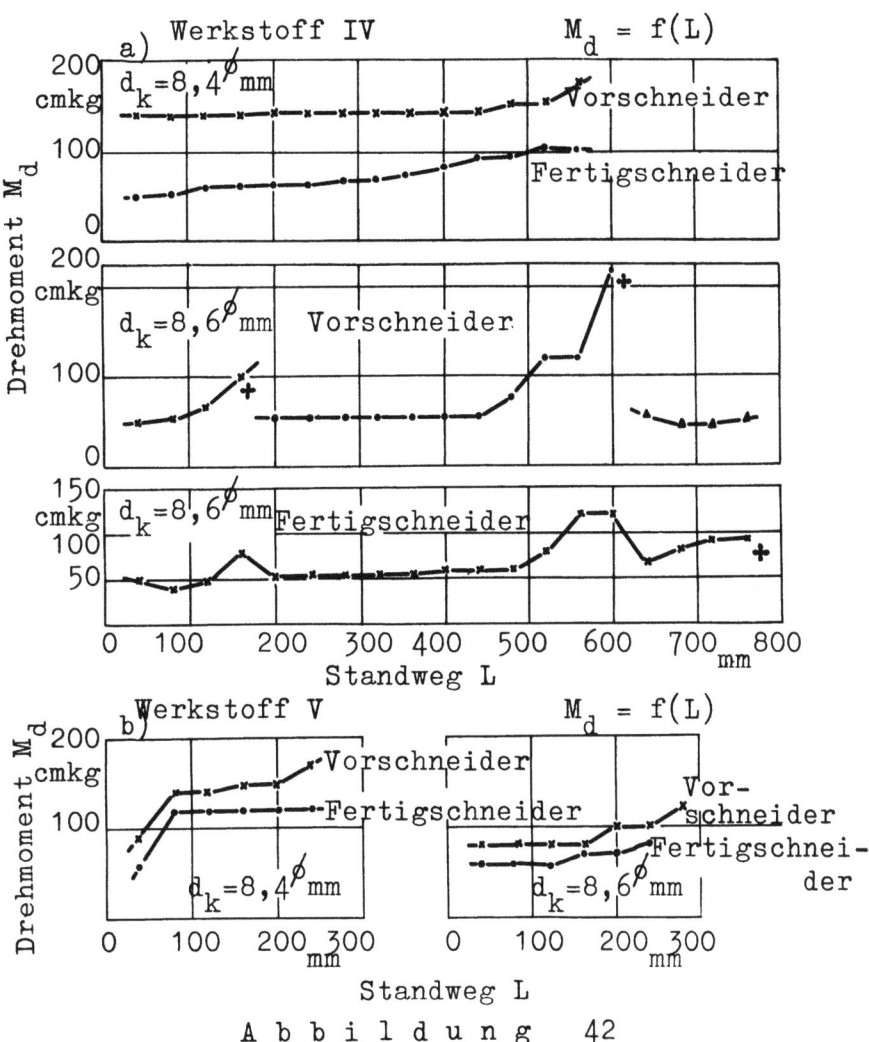

Abbildung 42

Drehmoment M_d in Abhängigkeit vom Standweg L beim Gewindeschneiden hochwarmfester Werkstoffe

Werkzeug: HSS-Maschinen-Gewindebohrer M 10 mit Rechtsspiralnut
Kühlung: Schneidöl-Konzentrat, Schnittgeschwindigkeit: v = 1,5 m/min

Ein starker sichtbarer Verschleiß war bei Versuchsende nicht festzustellen. Bei dem eben beschriebenen Versuch wurde wie bei allen anderen Versuchen ein Schneidöl-Konzentrat benutzt. Das Diagramm unten rechts gibt den Verlauf des Drehmomentes für Vor- und Fertigschneider bei Verwendung eines gewöhnlichen Gewindeschneidöles wieder. Das Drehmoment beim Vorschneider ist etwa gleich groß, jedoch steigt dieses beim Fertigschneider von 60 auf 120 cmkg an. Die Temperaturbelastung ist wesentlich höher, schon nach 200 und 240 mm Bohrtiefe traten Verklebungen, Eckenausbrüche und Verschweißungen auf. Das zum Vergleich verwendete Schneidöl war dickflüssiger als das Schneidöl-Konzentrat und förderte die Späne schlechter aus der Bohrung heraus.

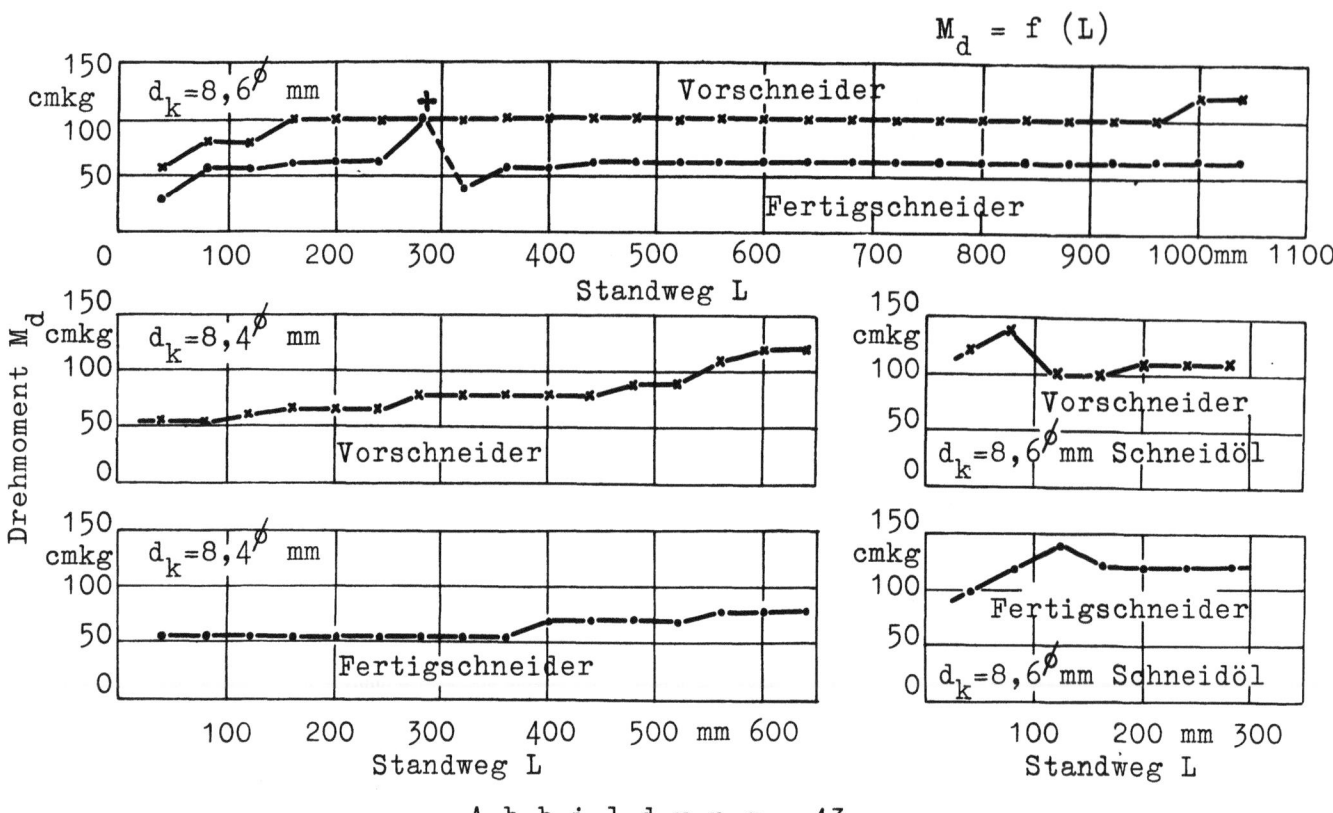

Abbildung 43

Drehmoment M_d in Abhängigkeit vom Standweg L beim Gewindebohren eines hochwarmfesten Werkstoffes

Werkzeug: HSS-Maschinen-Gewindebohrer M 10 mit Rechtsspiralnut

Kühlung: Schneidöl-Konzentrat, Schnittgeschwindigkeit: $v = 1{,}5$ m/min

$$M_d = f(L)$$

Dieser kurze Vergleich sollte zeigen, daß die Wahl des Kühlmittels beim Gewindebohren dieser zähharten Werkstoffe ausschlaggebend für die Lebensdauer eines Gewindeschneidwerkzeuges sein kann.

Das Diagramm links unten stellt den Drehmomentenverlauf bei einem Kerndurchmesser von $d_k = 8{,}4$ mm ⌀ dar. Auch hier ist ein allmählicher Anstieg des Drehmomentes durch leichte Verschweißungen am Vorschneider festzustellen. Der Spanablauf war bei allen Versuchen durch die zähen Spanwendel, die nur sehr schlecht brachen, schwierig.

Werkstoff VII

Dieser warmkaltverformte Werkstoff mit seiner höheren Festigkeit als Werkstoff VI läßt sich beim Gewindebohren etwas schwieriger bearbeiten. So liegt im allgemeinen das Drehmoment für Vor- und Fertigschneider bei dieser Schnittgeschwindigkeit $v = 1{,}5$ m/min etwas höher als bei Werkstoff VI.

Forschungsberichte des Wirtschafts- und Verkehrsministeriums Nordrhein-Westfalen

Für beide Kerndurchmesser wird der Versuch durch Schneidunfähigkeit des Fertigschneiders, infolge Verschweißen eines Gewindeganges und Eckenausbruch, beendet. Man erkennt z.B. für das Gewindebohren bei einem Kerndurchmesser d_k = 8,6 mm ⌀, wie das Drehmoment für den Fertigschneider zunächst konstant bleibt, dann durch leichte Verschweißungen ansteigt, wiederum konstant bleibt und durch weitere Eckenausbrüche und erhöhten Verschleißangriff schließlich sehr stark wächst, wobei der Gewindebohrer erliegt.

Werkstoff VIII

Zunächst wurden bei einem Kerndurchmesser von d_k = 8,6 mm ⌀ mit v = 1,5 m/min Gewindebohrversuche durchgeführt. Das Drehmoment lag für Vor- und Fertigschneider bei etwa M_d = 50 cmkg (vergl. Abb. 44 unten); es zeigten sich keinerlei Verschleißerscheinungen, die Spanabfuhr war durch die sehr kurzbrüchigen Späne gut.

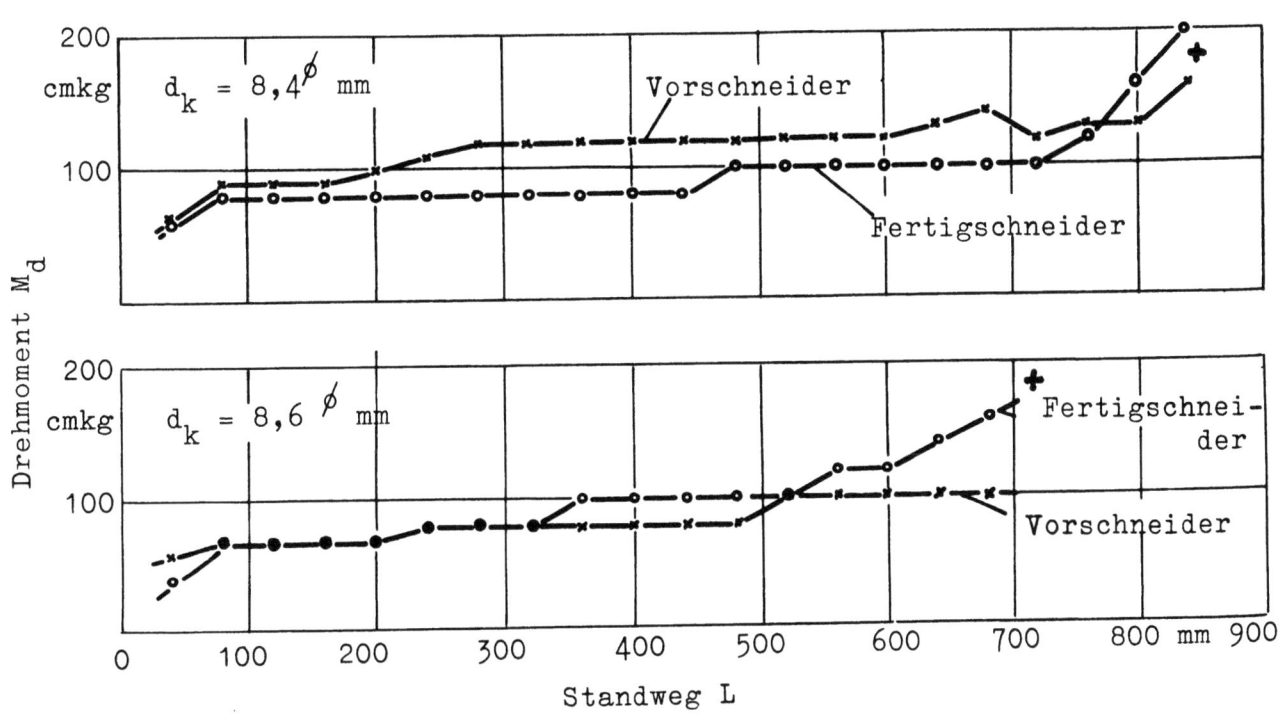

A b b i l d u n g   44

Drehmoment M_d in Abhängigkeit vom Standweg L beim Gewindebohren von hochwarmfesten Werkstoffen

Werkzeug: HSS-Maschinen-Gewindebohrer M 10 mit Rechtsspiralnut

Kühlung: Schneidöl-Konzentrat, Schnittgeschwindigkeit: v = 1,5 m/min

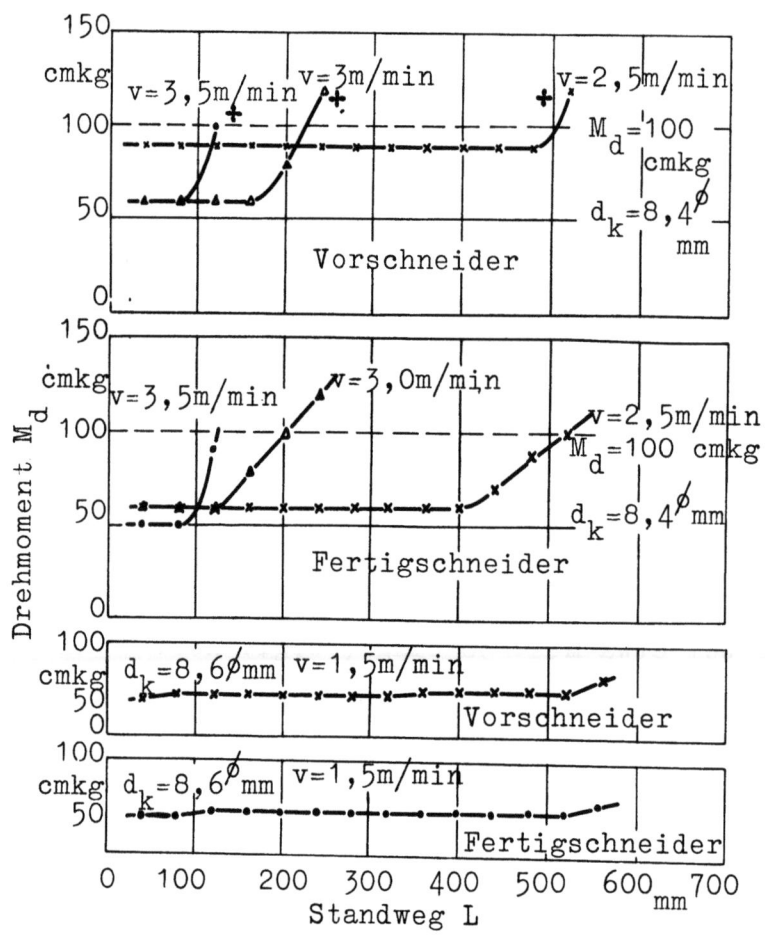

Abbildung 45

Drehmoment M_d in Abhängigkeit vom Standweg L beim Gewindeschneiden hochwarmfester Werkstoffe

Werkzeug: HSS-Maschinen-Gewindebohrer M 10 mit Rechtsspiralnut

Kühlung: Schneidöl-Konzentrat, $M_d = f(L)$ für verschiedene $v = \text{const}$

So wurden beim Kerndurchmesser $d_k = 8,4$ mm ⌀ die Schnittgeschwindigkeiten höher angesetzt. Abbildung 44 oben zeigt den Drehmomentenverlauf für Vor- und Fertigschneider bei den Schnittgeschwindigkeiten v = 2,5; 3,0 und 3,5 m/min.

Für v = 2,5 m/min bleibt das Drehmoment beim Vorschneider konstant M_d = 90 cmkg und steigt dann bei etwa 500 mm Standweg durch Verschweißen eines Gewindeganges plötzlich auf 120 cmkg an. Der Gewindebohrer erliegt.

Für die Schnittgeschwindigkeit v = 3 m/min liegt das Drehmoment infolge der höheren Drehzahl tiefer, bei etwa 60 cmkg, und steigt nach 160 mm

Bohrweg wegen der hohen thermischen Belastung, die zum Verschweißen des Werkzeuges mit dem Werkstoff führt, auf 120 cmkg an.

Bei v = 3,5 m/min erliegt der Bohrer schon nach 120 mm Bohrweg.

Die entsprechenden Versuche mit dem Fertigschneider wurden jeweils beim Ausgeben des Vorschneiders beendet. Auch hier bleibt das Drehmoment zunächst konstant und steigt dann auf 100 bis 120 cmkg an.

Diese Drehmoment-Standweg-Abhängigkeiten für je drei Geschwindigkeiten geben die Möglichkeit, das Drehmoment als Standwegkriterium heranzuziehen, d.h. für ein bestimmtes Drehmoment den Standweg des Gewindebohrers zu bestimmen. Dabei erscheint es angebracht, das zulässige Standwegkriterium weit unter dem von H.J. STOEWER angegebenen Bruchmoment eines Gewindebohrers anzusetzen, bzw. es in die Höhe des erreichten Drehmomentes zu legen. Als weiteres Kriterium wurde für den Vorschneider das Erliegekriterium angesetzt.

In Abbildung 46 sind die Standwege für Vor- und Fertigschneider bei drei Schnittgeschwindigkeiten und den oben angegebenen Kriterien (Erliegen, bzw. M_d = 100 cmkg) als Säulendiagramme aufgetragen. Beim Vorschneider ergeben sich zwischen den Standwegen beider Kriterien nur geringe Unterschiede, da das Kriterium M_d = 100 cmkg nahe am Erliegepunkt gewählt wurde.

Gleichzeitig wurden diese Standwege in Abhängigkeit von der Schnittgeschwindigkeit in der bekannten doppel-logarithmischen Darstellung wiedergegeben. Es ergeben sich wie beim Bohren im untersuchten Bereich ebenfalls Geraden; Abbildung 47 zeigt diese Standweggeraden für das Gewindebohren an Werkstoff VIII.

Diese Standwegschaubilder konnten nur für diesen einen Werkstoff aufgestellt werden, da genügend Werkstoffproben zur Verfügung standen. Sie sind ein Versuch dieser Darstellungsart.

Spanbildung und Spanabfuhr waren bei allen Gewindebohrversuchen an Werkstoff VIII günstig, da wie beim Bohren sehr feine und scharfe nadelartige Späne entstanden. Diese konnten durch die Spiralnuten in Verbindung mit dem Kühlmittel gut aus der Bohrung herausgefördert werden.

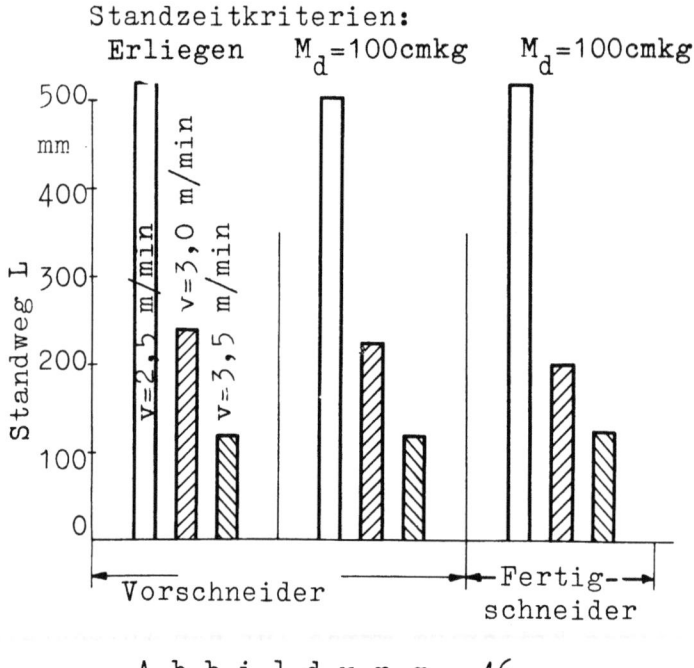

Abbildung 46

Standwege L für Vor- und Fertigschneider und verschiedene Kriterien
beim Gewindebohren hochwarmfester Werkstoffe

Werkzeug: HSS-Maschinen-Gewindebohrer M 10 mit Rechtsspiralnut

Kühlung: Schneidöl-Konzentrat, Gewindekerndurchmesser: $d_k = 8,4^\emptyset$ mm

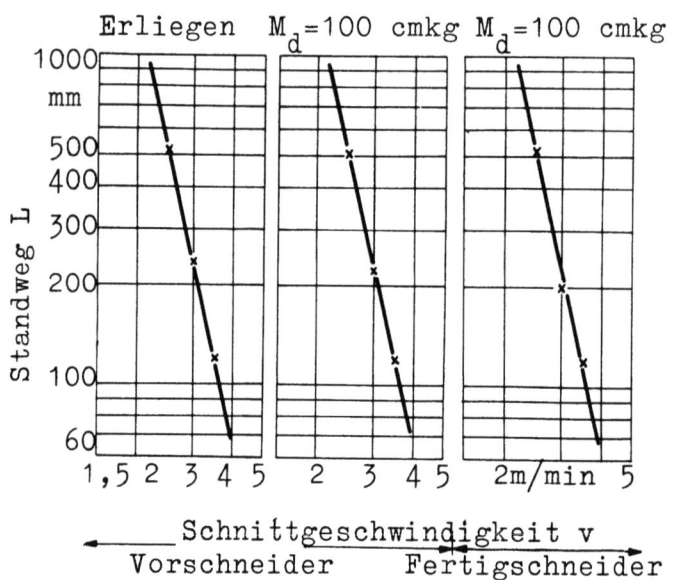

Abbildung 47

Standweggeraden $L = f(v)$ für Vor- und Fertigschneider beim
Gewindebohren von hochwarmfesten Werkstoffen

Werkzeug: HSS-Maschinen-Gewindebohrer M 10 mit Rechtsspiralnut

Kühlung: Schneidöl-Konzentrat, Gewindekerndurchmesser: $d_k = 8,4^\emptyset$ mm

Forschungsberichte des Wirtschafts- und Verkehrsministeriums Nordrhein-Westfalen

Werkstoff X

Es wurden Gewindebohrversuche mit den Schnittgeschwindigkeiten v = 1,5; 3,0; 5,0 und 7,0 m/min nur bei zwei Kerndurchmessern d_k = 8,4 und 8,6 mm ∅ durchgeführt.

Den Verlauf der Drehmomente in Abhängigkeit vom Standweg zeigt Abbildung 48 für Vor- und Fertigschneider. Für die Versuche mit einem Kerndurchmesser von d_k = 8,4 mm ∅ ergibt sich die Rangfolge, daß mit zunehmender Schnittgeschwindigkeit der Verschleiß und die thermische Belastung größer werden, so daß das Drehmoment bei der größeren Schnittgeschwindigkeit schon bei kleineren Standwegen ansteigt.

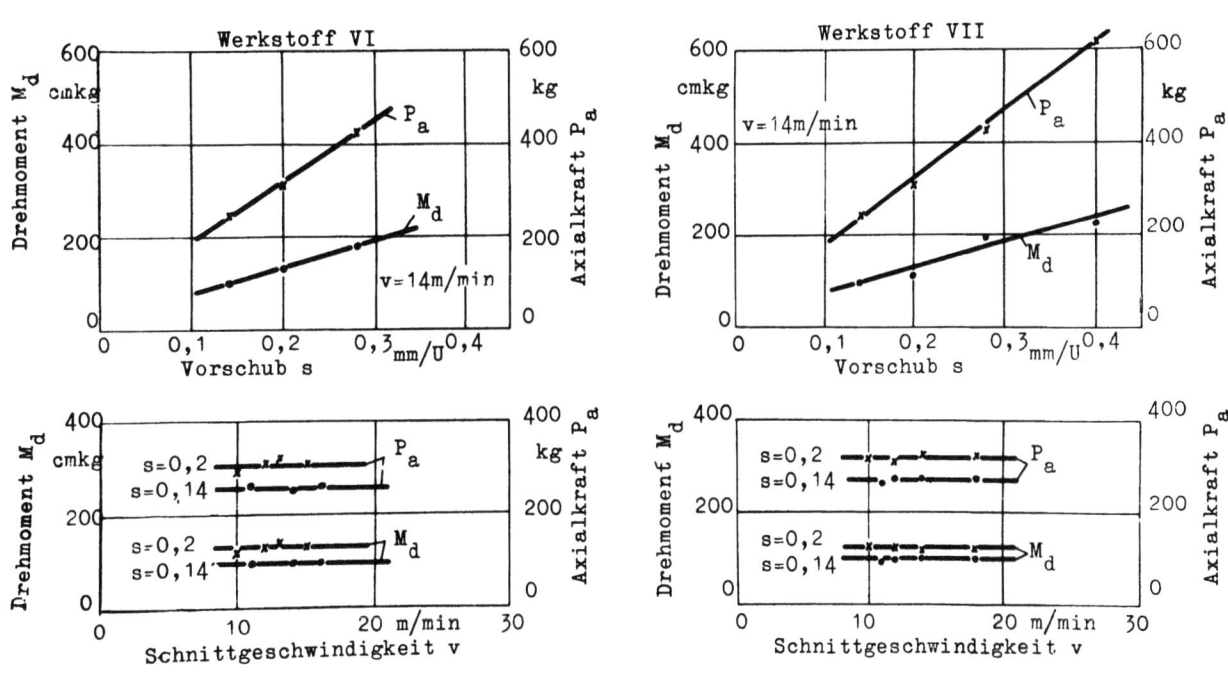

A b b i l d u n g   48

Drehmoment M_d in Abhängigkeit vom Standweg L beim Gewindebohren hochwarmfester Werkstoffe

Werkzeug: HSS-Maschinen-Gewindebohrer M 10 mit Linksspiralnut

Kühlung: Schneidöl-Konzentrat

In diesem Falle wurden die Versuchsreihen beendet, weil die Fertigschneider jeweils zum Erliegen kamen. So wurden die Standwege für das Kriterium M_d = 175 cmkg ermittelt und sind in Abbildung 49a als Blockdiagramme dargestellt. Hierbei ergibt sich im cartesischen System keine hyperbelartige Abhängigkeit, weshalb auf die Aufstellung von Standwegschaubildern im doppelt-logarithmischen System verzichtet wurde.

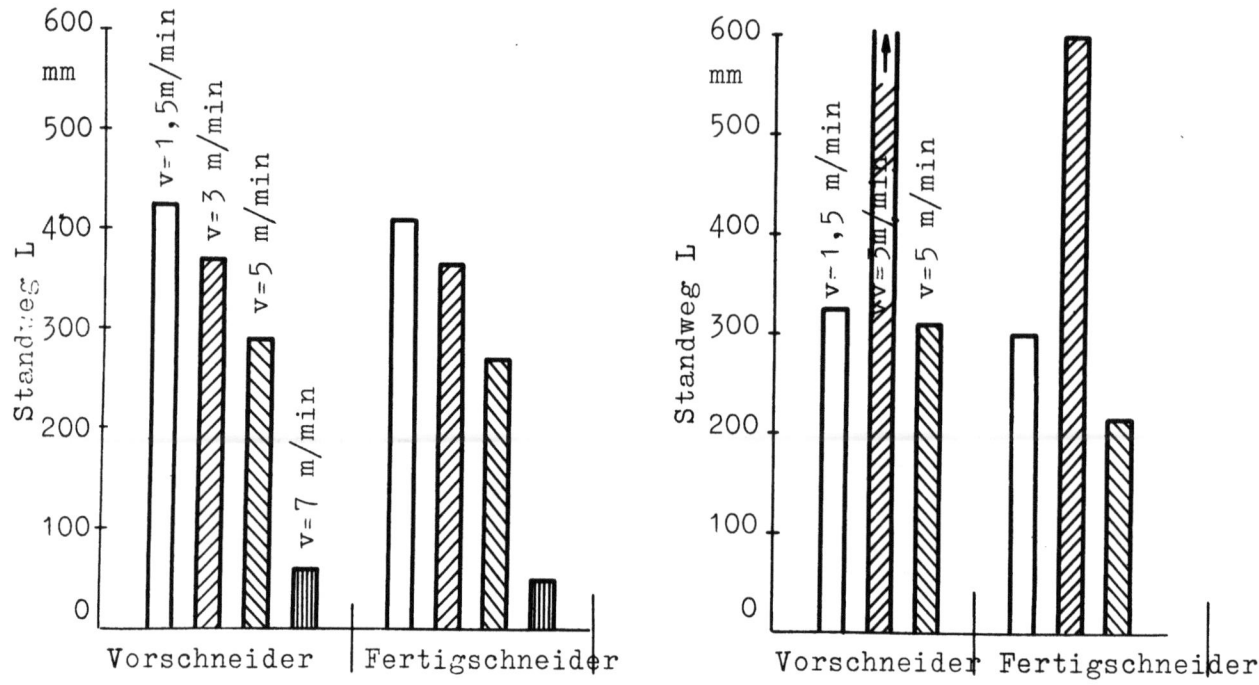

Abbildung 49

Standwege L für Vor- und Fertigschneider beim Gewindebohren
hochwarmfester Werkstoffe

Werkzeug: HSS-Maschinen-Gewindebohrer M 10 mit Linksspiralnut
Kühlung: Schneidöl-Konzentrat; Standweg-Kriterium: M_d = 175 cmkg

Für die Gewindebohrversuche beim Kerndurchmesser von 8,6 mm ⌀ ergibt sich nicht die übliche Rangfolge, vielmehr lassen sich mit einer Schnittgeschwindigkeit von 3 m/min bei gleichem Kriterium längere Standwege erzielen als bei 1,5 m/min Geschwindigkeit. Bei v = 3 m/min bleibt das Drehmoment bis L = 500 mm für Vor- und Fertigschneider etwa konstant, während es für v = 1,5 m/min schon bei 300 mm Bohrlänge das gewählte Kriterium überschreitet.

Für das Kriterium M_d = 175 cmkg sind die Standwege bei den einzelnen Schnittgeschwindigkeiten als Säulendiagramme in Abbildung 49b aufgetragen. Hier erkennt man die starken Unterschiede der Standwege. U.U. könnte dieses Verhalten auf die bei der geringen Geschwindigkeit relativ hohe Reibung und schlechte Spanabfuhr zurückzuführen sein; bei v = 3 m/min wurden die Späne nämlich schneller aus der Bohrung nach unten gefördert.

Bei diesem Werkstoff gab es wieder relativ breite und zähe, lange und weitgerollte Wendelspäne, die durch die Linksspiralnuten am Gewindebohrer nach unten aus der Bohrung herausgedrückt werden mußten. Vorteilhaft gegenüber den Gewindebohrern mit Rechtsspiralnut wirkte sich aus, daß die Kühlung von oben durch die sonst oben heraustretenden Späne nicht behindert wurde.

Zur Prüfung der Gewinde wurde eine M 10-Maschinen-Schraube in die gebohrten Gewindelöcher eingeschraubt und festgestellt, ob die Gewinde sauber geschnitten und gängig waren. Die gewinde, die in die Kernbohrung von d_k = 8,6 mm ⌀ geschnitten wurden, zeigten etwas Spiel, welches für eine hochwertige Schraubverbindung zu groß ist. Dagegen saß die Schraube in dem Gewinde, das in die Kernbohrungen von 8,4 mm ⌀ eingebracht wurde, ausreichend fest.

Die folgende Abbildung 50 zeigt Gewindebohrungen im Längsschnitt für 8,6 und 8,4 mm ⌀ Kerndurchmesser.

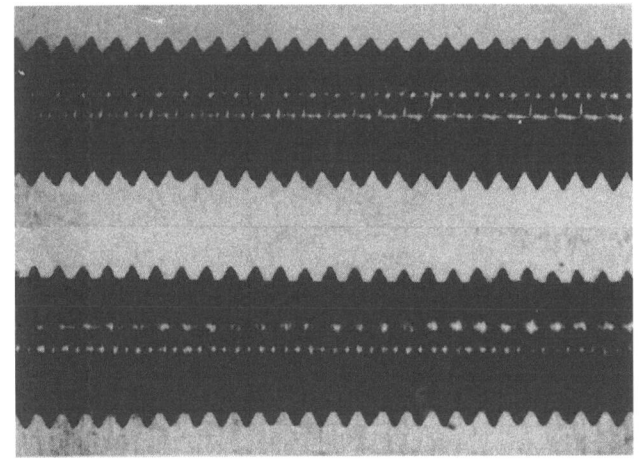

a) Gewindekerndurchmesser
d_k = 8,4 mm ⌀

b) d_k = 8,6 mm ⌀

A b b i l d u n g 50
Längsschnitt zweier Gewindebohrungen bei
verschiedenem Kerndurchmesser

Es sind Gewinde, die bei einer Schnittgeschwindigkeit von v = 3 m/min geschnitten wurden. Die Aufnahmen zeigen in etwa 2-facher Vergrößerung die sauber geschnittenen Flanken bei 8,4 mm ⌀-Kernbohrung; jedoch ist ein leichtes Versetzen der Gewindeflanken zu beobachten, anscheinend wurde der Fertigschneider im vorgeschnittenen Profil nicht richtig geführt. Bei der Bohrung mit 8,6 mm ⌀-Kerndurchmesser entsteht ein nicht so scharfes und gut ausgebildetes Gewindeprofil; vielmehr fehlen wegen des größeren Kerndurchmessers die Gewindespitzen.

Werkstoff XI

An diesem Werkstoff konnten nur einige Stichversuche bei Kernbohrungen von 8,4 mm ⌀ und Schnittgeschwindigkeiten von v = 1,5 und 3 m/min durchgeführt werden (Abb. 51a). Bis zu den Standwegen von 200, bzw. 280 mm war kein Verschleiß der Bohrer festzustellen. Die Spanabfuhr war wegen der zähen Späne ungünstig, die Temperaturen lagen hoch, wie die starke Erwärmung der Gewindebohrer zeigte.

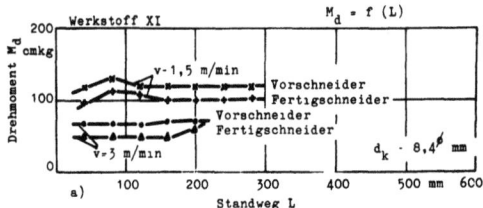

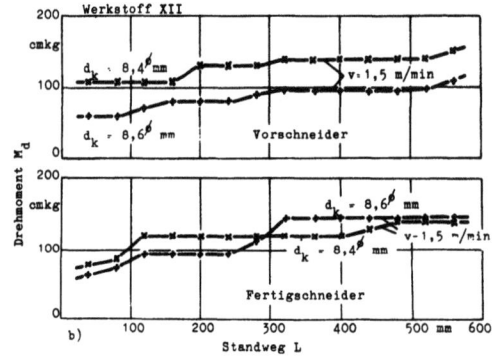

A b b i l d u n g   51

Drehmoment M_d in Abhängkeit vom Standweg L beim Gewindebohren hochwarmfester Werkstoffe

Werkzeug: HSS-Maschinen-Gewindebohrer M 10 mit Linksspiralnut

Kühlung: Schneidöl-Konzentrat, Schnittgeschwindigkeit: v = 1,5 m/min

Forschungsberichte des Wirtschafts- und Verkehrsministeriums Nordrhein-Westfalen

Werkstoff XII

Abbildung 51b zeigt den Verlauf des Drehmomentes über dem Standweg für Vor- und Fertigschneider bei 8,4 und 8,6 mm ⌀ Kernbohrung und 1,5 m/min Schnittgeschwindigkeit. Beim Vorschneider liegt das Drehmoment für d_k = 8,6 mm ⌀ etwa 50 cmkg tiefer als das für d_k = 8,4 mm ⌀. Dagegen ist der Unterschied beim Fertigschneider geringer, bei größerem Standweg sind die Drehmomente etwa gleich groß.

Nach jeweils 560 mm Gesamtbohrlänge war ein leichtes Verschweißen und Aufbauschneidenbildung festzustellen. Bei Werkstoff XII entstanden wiederum sehr feine nadelartige Späne, die nach unten gut aus der Bohrung herausgefördert wurden.

Abschließend ist in Abbildung 52 ein Vergleich der Drehmomente für Vor- und Fertigschneider beim Gewindebohren der hier untersuchten hochwarmfesten Werkstoffe nach einem Standweg von 300 mm als Blockdiagramm dargestellt.

Für den Kerndurchmesser d_k = 8,6 mm ⌀ liegen die Drehmomente für den Vorschneider in einem Bereich von 45 bis 120 cmkg, für den Fertigschneider von 45 bis 140 cmkg. Dabei tritt beim Gewindeschneiden von Werkstoff VIII das geringste Drehmoment auf. Für einen Kerndurchmesser d_k = 8,4 mm ⌀ liegen die Drehmomente in ihrer Größe etwas unterschiedlich zueinander; Werkstoff VI und VIII zeigen die geringsten Momente. Dieser Vergleich läßt jedoch keinen eindeutigen Schluß auf die Zerspanbarkeit beim Gewindebohren zu, da die meisten Versuche wegen Werkstoffmangel nicht zu Ende geführt werden konnten. Eine eindeutige Klassifizierung ist nur möglich, wenn die erzielbaren Standwege, die Spanbildung sowie die Maßgenauigkeit und Oberflächengüte der Gewindebohrungen mit zur Beurteilung herangezogen werden.

Gleichzeitig ist in diesem Schaubild für Werkstoff VI bei d_k = 8,6 mm ⌀ der Vergleich der Drehmomente bei Verwendung zweier Schneidöle gezeigt. Der schon oben beschriebene Unterschied im Drehmoment wird hier nochmal deutlich. Während beim Vorschneider nur wenig Unterschied besteht, ist beim Fertigschneider das Drehmoment bei Verwendung eines gewöhnlichen Gewindeschneidöles etwa doppelt so hoch.

Diese gesamten Gewindebohrversuche an hochwarmfesten Werkstoffen können nur anfängliche Versuche sein. Sie hatten das Ziel, für diese schwer zu

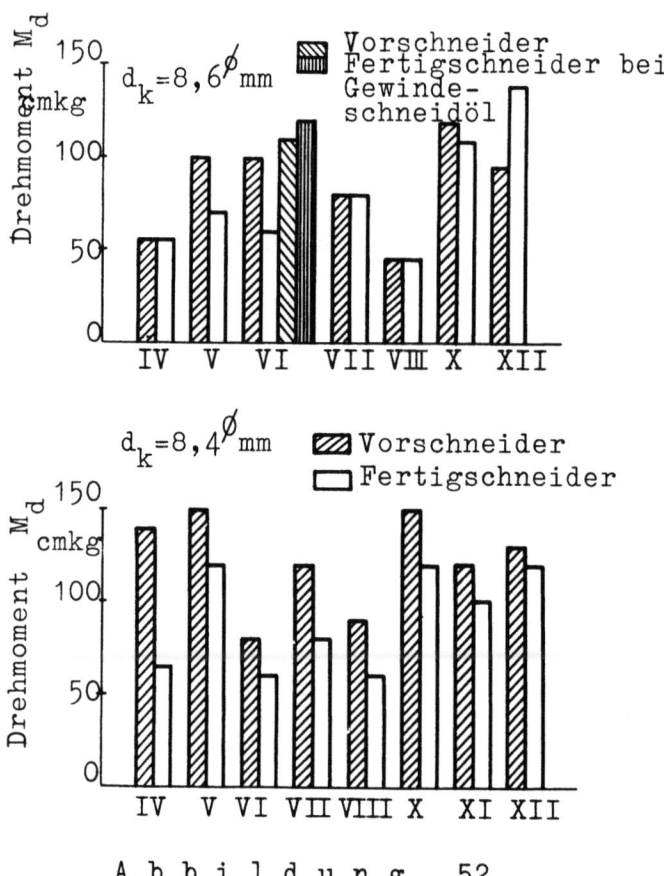

Abbildung 52

Vergleich der Drehmomente M_d für Vor- und Fertigschneider beim
Gewindebohren hochwarmfester Werkstoffe nach einem
Standweg von L = 300 mm

Werkzeug: HSS-Maschinen-Gewindebohrer M 10

Kühlung: Schneidöl-Konzentrat/Gewindeschneidöl

Schnittgeschwindigkeit: v = 1,5 m/min

bearbeitenden Werkstoffe überschlägige Schnittbedingungen und geeignete Schmiermittel zu finden, mit denen in der Praxis derartige Gewinde hergestellt werden können.

Diese untersuchten Werkstoffe können beim Gewindeschneiden nur mit sehr niedrigen Schnittgeschwindigkeiten von v = 1 bis 3 m/min bearbeitet werden, wobei zur Verminderung der Temperaturbeanspruchung für eine intensive Kühlung und Schmierung einschließlich günstiger Spanzufuhr Sorge getragen werden muß.

Forschungsberichte des Wirtschafts- und Verkehrsministeriums Nordrhein-Westfalen

5. Vergleich der Ergebnisse beim Drehen und Bohren

Abschließend sollen die Ergebnisse der Dreh- und Bohrversuche gegenübergestellt werden. Die Untersuchungen des Gewindebohrens konnten wegen der zur Verfügung stehenden Werkstoffmengen nur in einem begrenzten Rahmen durchgeführt werden. Da für das Erliegen der Gewindebohrer außerdem eine Vielzahl von Einflußgrößen mitbestimmend war, erscheint es nicht zweckmäßig, einen Standwegvergleich hierfür durchzuführen und diese Ergebnisse mit einzubeziehen.

Bei der Gegenüberstellung ist zu berücksichtigen, daß sich bei den beiden Verfahren Drehen und Bohren die Spanbildung und Spanabfuhr stark unterscheiden. Beim Drehvorgang handelt es sich um ein Arbeitsverfahren mit freiem Spanablauf, wobei über die Schnittbreite die Schnittgeschwindigkeit praktisch konstant ist. Dagegen nimmt die Schnittgeschwindigkeit beim Bohren von 0 m/min an der Bohrerspitze entlang der Schneide bis zu einem Größtwert zu, d.h. die Schnittgeschwindigkeit ist stark unterschiedlich. Außerdem handelt es sich um ein Arbeitsverfahren mit getrennter Spanbildung.

Bei den Drehversuchen wurden ausschließlich Hartmetallwerkzeuge eingesetzt, während beim Bohren Schnellarbeitsstahl-Spiralbohrer verwendet wurden. Die bei den Schneidstoffen unterscheiden sich zunächst in ihrer chemischen Zusammensetzung, weiterhin sind auch die technologischen Eigenschaften verschieden. Vor allen Dingen unterscheiden sich beide Schneidstoffe stark in ihrer Warmhärte, wodurch bereits die Schnittgeschwindigkeitsbereiche, in denen die einzelnen Schneidstoffe verwendet werden können, vorbestimmt sind.

Wie umfangreiche Drehversuche an Baustählen gezeigt haben, kann aus einer mit Hartmetallwerkzeugen ermittelten Rangfolge nicht direkt auf die Verhältnisse bei Schnellarbeitsstahl geschlossen werden. Kommt dazu das unterschiedliche Bearbeitungsverfahren, so können noch größere Abzeichnungen auftreten.

In Tabelle 5 sind die Ergebnisse der Dreh- und Bohrversuche für die bei allen Werkstoffen untersuchten Schnittbedingungen einander gegenübergestellt. Bei den Drehversuchen wurde Hartmetall der Qualität L 1 verwendet, der Spanquerschnitt betrug $a \cdot s = 2 \cdot 0{,}2 \text{ mm}^2$. Die Versuche wurden im Trockenschnitt durchgeführt. Als Bohrer dienten Schnellarbeitsstahl-

Tabelle 5

Vergleich der Ergebnisse der Dreh- und Bohrversuche an hochwarmfesten Werkstoffen

Werkstoff	Drehen			
	V_{60} (B=0,2 m/min)	%	T_v=100 m/min B^v= 0,2 mm	%
IV	77	100	35	100
V	14*)	18*)	5,8	17
VI	178	232	1300*)	3700*)
VII	-**)	-	9,5	27
VIII	35	45,5	3	8,5
IX	125*)	163*)	60	172
X	23	30	9	26
XI	7,4*)	9,6*)	3,5	10
XII	-**)	-	5	14
XIII	17	22	0,76	2,2

Werkstoff	Bohren				Rangfolge	
	V_{L2000} m/min	%	L v=15 m/min Erliegen	%	Drehen (T)	Bohren (L)
IV	17,0	100	4200	100	3	1
V	10,4	61	125	3	6	4
VI	10,5	61,5	125	3	1	4
VII	10,4	61	125	3	4	4
VIII	10,2	60	85	2	8	8
IX	14,1	83	1200	28,5	2	2
X	13,5	73,5	700	16,6	4	3
XI	8,5	50	18	0,4	8	9
XII	11,5	67,5	140	3,1	6	4
XIII	-**)	-	-**)	-	10	10

*) stark extrapoliert, Wert nicht gesichert
**) nicht zu ermitteln

Spiralbohrer der Klasse D Mo 5 von 12 mm Durchmesser, der Vorschub betrug 0,14 mm/U. Als Kühlmittel wurde eine 4 %ige Bohrölemulsion verwendet

Eingetragen sind für das Drehen die Vergleichsschnittgeschwindigkeit V_{60} sowie die erzielbare Standzeit bei einer Schnittgeschwindigkeit von 100 m/min, in beiden Fällen für ein Verschleißkriterium B = 0,2 mm. Wie im 1. Teilbericht gezeigt wurde, ist für die vorliegenden Werkstoffe der Freiflächenverschleiß maßgebend für das Standzeitende der Werkzeuge. Aus diesem Grunde wurde das Kriterium des Freiflächenverschleißes zum Vergleich herangezogen.

Für das Bohren sind die Bohrbarkeitskennziffer V_{L2000} sowie die erzielbaren Standwege bei v = 15 m/min aufgeführt. Als Kriterium gilt das Erliegen des Bohrers.

Die Werte sind jeweils in ihrer absoluten Größe sowie im Verhältnis zum Standzeitverhalten von Werkstoff IV angegeben. Die anwendbaren Vergleichsschnittgeschwindigkeiten V_{60} bzw. V_{L2000} und die möglichen Standzeiten bzw. Standwege für Werkstoff IV, der von den untersuchten Werkstoffen den niedrigsten Legierungsgehalt aufweist, wurden dabei zu 100 % festgesetzt.

Aus der Tabelle kann folgendes entnommen werden.
Beim Drehen ergeben sich stark unterschiedliche V_{60}-Werte. Das Verhältnis von kleinsten zu größten V_{60}-Werten beträgt etwa 1:22. Selbst wenn die nicht gesicherten Werte nicht mit einbezogen werden, ergibt sich immer noch ein Verhältnis von 1:10. Dabei ist zu berücksichtigen, daß die Steigung der Standzeitkurven stark unterschiedlich ist und sich somit die Verhältnisse bei anderen Vergleichskriterien zum Teil verschieben (Abb. 53). Beim Bohren sind die Unterschiede wesentlich geringer. Das Verhältnis von kleinsten zu größten V_{L2000} beträgt 1:2 (Werkstoff XI gegenüber Werkstoff IV). Da alle Kurven nahezu die gleiche Steigung aufweisen, bleibt die ermittelte Rangfolge praktisch für alle Vergleichskriterien konstant. Es zeigt sich, daß beim Bohren für die hier untersuchten Legierungen die Werkstoffunterschiede die Vergleichsschnittgeschwindigkeit wesentlich weniger beeinflussen als beim Drehen mit Hartmetall.

Durch die unterschiedliche Neigung der Standzeit- bzw. Standwegkurven verschieben sich die Verhältnisse, wenn die erzielbaren Standzeiten bzw. Standwege miteinander verglichen werden.

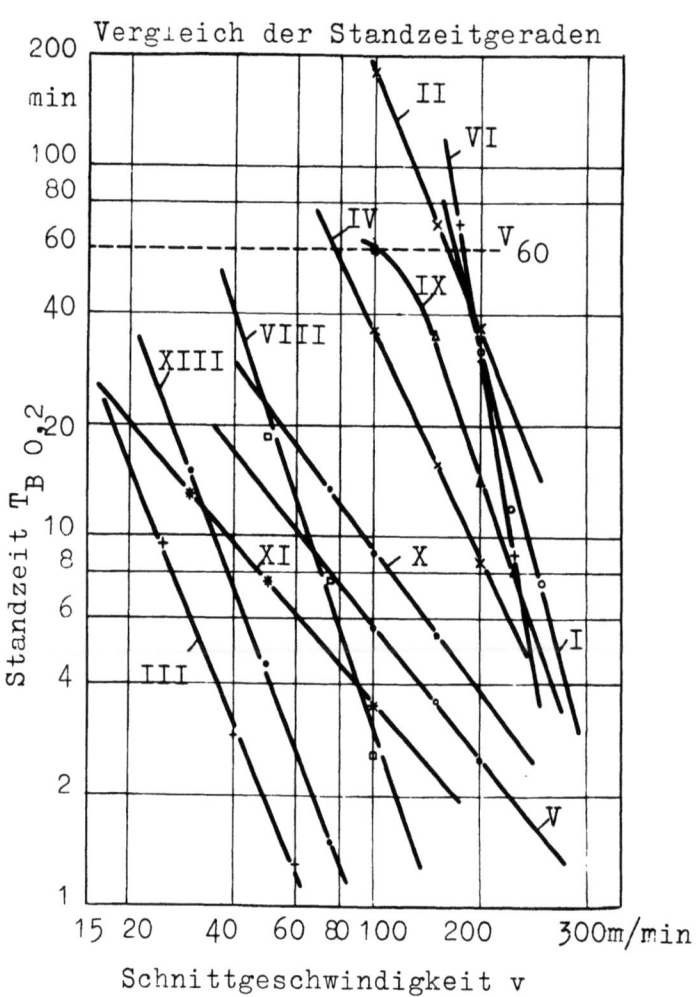

Abbildung 53

Zerspanbarkeitsuntersuchungen (Drehen) an hochwarmfesten Werkstoffen

Werkzeug: Hartmetall L 1

Freiwinkel: $\alpha = 6°$ Einstellwinkel: $\kappa = 45°$
Spanwinkel: $\gamma = 15°$ Spitzenwinkel: $\varepsilon = 90°$
Neigungswinkel: $\lambda = 10°$ Spitzenradius: $r = 0,5$ mm

Schnittbedingungen: Vorschub $s = 0,2$ mm/Umdr., Spantiefe: $a = 2$ mm

Die prozentualen Unterschiede beim Drehen sind wieder beträchtlich. Die eingetragenen Werte für Werkstoff VI sind jedoch stark extrapoliert. Es dürfte sicher sein, daß das Kriterium $B = 0,2$ mm früher erreicht wird. Dieser Wert von 1300 Minuten wurde durch geradlinige Extrapolation ermittelt, jedoch ist ein geradliniger Verlauf der Standzeitkurve nicht gesichert. In dem Falle ist jedoch dieser Werkstoff am besten zerspanbar; das Verhältnis zwischen diesem günstigen und dem ungünstigen Werkstoff kann jedoch aus den oben angeführten Gründen nicht exakt angegeben werden, es dürfte aber größer sein als 250 : 1.

Das gleiche Verhältnis ergibt sich für den Standwegvergleich der Bohrer, wenn man den praktisch nicht zu bohrenden Werkstoff XIII vernachläßigt. Bei einem Verhältnis der V_{L2000}-Werte von 2:1 bei den Werkstoffen IV und XI ergibt sich wegen der Steilheit der Standweggeraden ein Verhältnis der Standwege von 250 :1. Dieser Vergleich zeigt nochmals deutlich den starken Einfluß der Steilheit von Bohrstandweggeraden, worauf bereits im Abschnitt 2 hirgewiesen wurde.

Auf Grund der erzielten Standzeiten bzw. Standwege wurde eine Zerspanbarkeitsrangfolge ermittelt, die rechts in der Tabelle angegeben ist. Durch die eingetragenen Zahlen ist lediglich die Reihenfolge der Dreh- und Bohrbarkeit der untersuchten Werkstoffe bestimmt, die prozentualen Werte sind den anderen Spalten zu entnehmen. Werkstoffe, die vergleichbare Ergebnisse erbrachten, sind dabei mit der gleichen Rangnummer belegt worden. Es ist zu erkennen, daß eine gewisse Gleichsinnigkeit der Ergebnisse der Dreh- und Bohrversuche gegeben ist. Besonders trifft dies für die schwer zu bearbeitenden Werkstoffe zu. Die Werkstoffe VIII, XI und XIII, die beim Drehen nur kurze Standzeitwerte ergaben, ließen sich auch schlecht bohren. Bei den gut zu drehenden Werkstoffen sind gewisse stärkere Abweichungen zu erkennen.

Für die Werkstoffe IV bis XIII, die von einem Herstellerwerk geliefert wurden, lassen die vorliegenden Ergebnisse einige Schlüsse auf die Einflußgrößen zu, welche die Dreh- und Bohrbarkeit maßgeblich beeinflussen. Vorteilhaft auf die Drehbarkeit wirkt sich ein Lösungsglühen mit anschließendem Abschrecken in Wasser und nachfolgenden Anlassen aus (Werkstoffe VI und IX). Diese beiden Werkstoffe liegen in der Rangfolge an erster und zweiter Stelle. Eine zwischengeschaltete Warmkaltverformung von 12 - 15 % erbringt einen starken Standzeitabfall (Werkstoffe VII und X). Ein Einfluß verschiedener Legierungselemente auf die Drehbarkeit ist nicht eindeutig festzustellen.

Die Bohrbarkeit wird stärker durch die Legierungselemente beeinflußt. Die Werkstoffe mit den geringsten Legierungsgehalten an Chrom, Nickel und Silizium weisen die beste Bohrbarkeit auf (Werkstoffe IV, IX und X). Dieser Einfluß ist stärker als der Einfluß der Wärmebehandlung. Dies dürfte jedoch weniger verfahrensbedingt sein, sondern auf die unterschiedlichen Schneidstoffe zurückzuführen sein. Das Standzeitverhalten bei Hartmetall spricht stärker auf Gefügeveränderungen an, während es bei Schnellarbeitsstahlwerkzeugen mehr durch Legierungsunterschiede beeinflußt wird. Die Warmkalt-Verformung erbringt auch beim Bohren eine Verschlechterung, jedoch ist der Einfluß wesentlich geringer als beim Drehen.

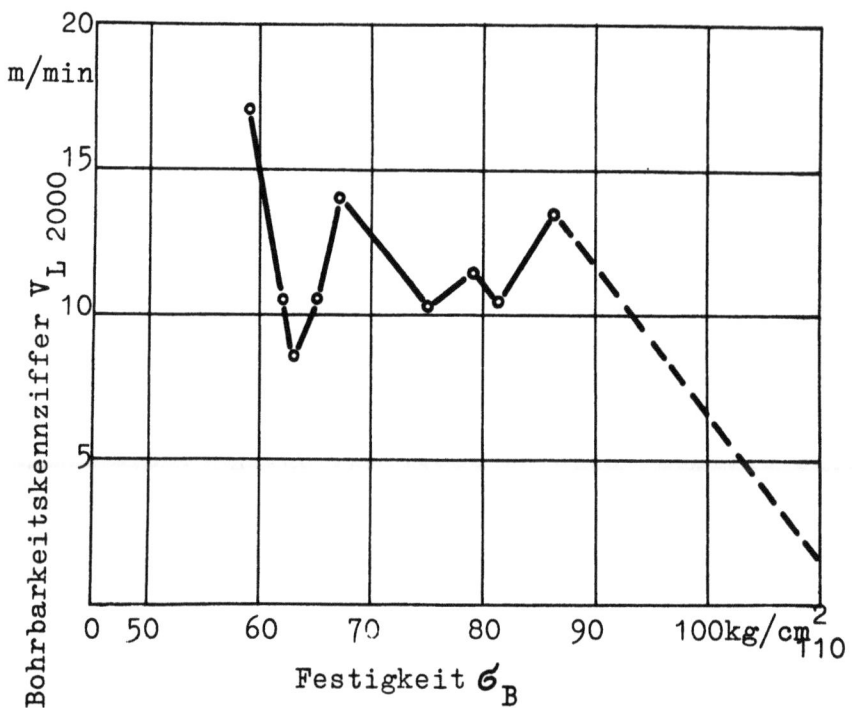

Abbildung 54

Bohrbarkeitskennziffer V_{L2000} in Abhängigkeit von der Festigkeit
beim Bohren hochwarmfester Werkstoffe

Werkzeug: SS-Spiralbohrer 12⌀

Spitzenwinkel = 116°

Kühlung: 3 % Bohröl-Emulsion

Bei Baustählen wurde verschiedentlich ein direkter Zusammenhang zwischen der Bohrbarkeitskennziffer V_{L2000} und der Werkstückfestigkeit angegeben. Diese Ansicht bestätigte sich in den vorliegenden Bohrversuchen an hochwarmfesten Werkstoffen nicht, wie Abbildung 54 zeigt. Geringe Festigkeitsunterschiede erbrachten z.B. einen starken Abfall des V_{L2000}-Wertes, während bei höheren Werkstückfestigkeiten günstigere Werte erzielt wurden.

Dieser Vergleich zeigt, daß zur Beurteilung der Bearbeitbarkeit eines Werkstoffes stets verschiedene Bearbeitungsverfahren untersucht werden müssen. Trotz einer gewissen Gleichsinnigkeit der Ergebnisse der Dreh- und Bohrversuche können die Ergebnisse des einen Verfahrens nicht ohne weiteres auf andere übertragen werden.

6. Zusammenfassung

An 10 hochwarmfesten Werkstoffen wurden Bohruntersuchungen durchgeführt. Dabei wurden für alle Werkstoffe außer für Werkstoff XIII Standzeitkurven ermittelt. Werkstoff XIII konnte unter den Versuchsbedingungen praktisch nicht gebohrt werden. An den Werkstoffen, von denen ausreichende Materialmengen zur Verfügung standen, wurde außerdem der Einfluß des Vorschubes sowie der Bohrerabmessung auf das Standzeitverhalten ermittelt. Im untersuchten Bereich bestätigte sich die von Baustählen bekannte Gesetzmäßigkeit einer geradlinigen Standweg-Schnittgeschwindigkeitsabhängigkeit in doppelt-logarithmischer Darstellung.

Die Versuche zeigten, daß nur mit hochwertigen Schnellstahlqualitäten bei ausreichender Kühlung zufriedenstellende Ergebnisse zu erzielen sind.

In Versuchen beim Gewindebohren wurden zweckmäßige Bearbeitungsbedingungen ermittelt. Dabei ist eine ausreichende Kühlung und Schmierung eine wesentliche Voraussetzung für einwandfreies Arbeiten. Durch die zum Teil sehr ungünstige Spanbildung infolge der großen Zähigkeit der Werkstoffe konnten teilweise nur relativ geringe Standwege erzielt werden.

In einer abschließenden Gegenüberstellung der Ergebnisse der Dreh- und Bohrversuche (die Ergebnisse der Drehversuche sind im einzelnen im Bericht Nr. 351 des Wirtschafts- und Verkehrsministeriums Nordrhein-Westfalen enthalten) konnte gezeigt werden, daß die Ergebnisse des einen Verfahrens bzw. einer Schneidstoffqualität nicht ohne weiteres auf andere Verhältnisse übertragen werden können.

Es wurden Einflußgrößen aufgezeigt, welche die Bearbeitbarkeit bei verschiedenen Verfahren und Schneidstoffen beeinflussen.

Prof. Dr.-Ing. Herwart OPITZ, Aachen
Dr.-Ing. Heinrich AXER, Aachen
Dipl.-Ing. Helmut ROHDE, Aachen

7. Literaturverzeichnis

(1) DINNEBIER, J.   Bohren, Heft 15 der Werkstattbücher, herausgegeben von H. HAAKE, Springer-Verlag, Berlin, 1950

(2) Le GRAND, R.   How Timken Alloy behaves in Drilling aus Report Machinability Date for High-Temperature Alloys, American Machinist vom 25. Dezember 1950

(3) KREKELER, K.   Die Zerspanbarkeit der metallischen und nichtmetallischen Werkstoffe, Springer-Verlag, Berlin 1951

(4) PAMPEL, A.   Untersuchung der Zerspanungsvorgänge und Abnutzungsvorgänge an Gewindebohrern, Dissertation T.H. Dresden, 1931

(5) SCHALLBROCH, H.   Bohrarbeit und Bohrmaschine, Carl Hanser-Verlag, München, 1951

(6) SCHROEDER, H.J.   Die Schnittkräfte beim Gewindebohren, Maschinenbau-Betrieb, 12 (1932) S.450/453

(7) STOEWER, H.J.   Schneidversuche mit Gewindebohrern auf Stahl, Stock-Zeitschrift 5 (1932) H. 2 S. 31/42

Forschungsberichte des Wirtschafts- und Verkehrsministeriums Nordrhein-Westfalen

Zusammenstellung der Abbildungen

Abbildung 1 Bezeichnung an der Spitze des Spiralbohrers

2 Die Winkel an der Bohrerschneide

3 Drehkraft und Drehmoment beim Spiralbohrer

4 Vorschubkraft und Spanquerschnitt an der Spitze des Spiralbohrers

5 Absolutes Erliegen eines Schnellarbeitsstahl-Spiralbohrers durch Abschmoren der Bohrerspitze bei zu hoher thermischer Belastung

6 Abstumpfungsarten für relatives Erliegen eines Spiralbohrers aus Schnellarbeitsstahl: Ecken-, Hauptschneiden- und Querschneidenverschleiß, Werkstoffaufschweißungen (Aufbauschneide) an der Hauptschneide

7 Zusammenhang zwischen Standzeit T und Standlänge L beim Bohren

8 Theoretischer und wirklicher Verlauf des Drehmomentes beim Durchgang eines Einzelschneiders M 12 durch die Gewindebohrung in Stahl St 60·11

9 Eckenausbruch durch Überlastung der Schneide

10 Abstumpfen des Gewindebohrers durch Verschweißen eines Gewindeganges

11 Erliegen eines Gewindebohrers durch starke Werkstoffaufschweißungen

12 Versuchsanordnung beim Bohren und Gewindebohren

13 Versuchswerkzeuge. Maschinen-Gewindebohrer M 10
a) mit Rechtsspiralnut, b) mit Linksspiralnut

14 Schema des Meßbohrtisches

15 Drehmoment und Axialdruck in Abhängigkeit vom Spitzenwinkel des Sprialbohrers beim Bohren eines hochwarmfesten Werkstoffes

16 Standweggeraden L = f (v) für Werkstoff IV und V

17 Drehmoment und Axialkraft in Abhängigkeit von Schnittgeschwindigkeit und Vorschub

18 Bohrspäne

19 Bohrspan beim Erliegen des Spiralbohrers

20 Bohrspan

Abbildung 21 Standweggeraden L = f (v) für Werkstoff VI und VII
22 Drehmoment und Axialkraft in Abhängigkeit von Schnittgeschwindigkeit und Vorschub
23 Standweggeraden L = f (v) für Werkstoff VIII, IX und XII
24 Drehmoment und Axialkraft in Abhängigkeit von Schnittgeschwindigkeit und Vorschub
25 Bohrspäne beim Bohren von Werkstoff VIII
26 Standweggeraden L = f (v) für Werkstoff IX und X
27 Drehmoment und Axialkraft in Abhängigkeit von Schnittgeschwindigkeit und Vorschub
28 Drehmoment und Axialkraft in Abhängigkeit von Schnittgeschwindigkeit und Vorschub
29 Vergleich der Standweggeraden L = f (v) für d = 12 mm ⌀
30 Vergleich der Bohrbarkeitskennziffer V_{L2000} beim Bohren hochwarmfester Werkstoffe
31 Vergleich von Drehmoment und Axialkraft beim Bohren hochwarmfester Werkstoffe
32 Standweggeraden L = f (v) für Werkstoff IV und V
33 Standweggeraden L = f (v) für Werkstoff VI
34 Standweggeraden L = f (v) für Werkstoff VII
35 Standweggeraden L = f (v) für Werkstoff VIII
36 Standweggeraden L = f (v) für Werkstoff X
37 Standweggeraden L = f (v) für Werkstoff XI
38 Standweggeraden L = f (v) für Werkstoff XII
39 Vergleich der Standweggeraden L = f (v) für d = 8,4 ⌀ und 8,6 ⌀
40 Vergleich der Bohrbarkeitskennziffer V_{L2000} beim Bohren hochwarmfester Werkstoffe
41 Vergleich von Drehmoment und Axialkraft beim Bohren hochwarmfester Werkstoffe
42 Drehmoment M_d in Abhängigkeit vom Standweg L beim Gewindeschneiden hochwarmfester Werkstoffe
43 Drehmoment M_d in Abhängigkeit vom Standweg L beim Gewindeschneiden hochwarmfester Werkstoffe
44 dto.
45 dto.

Abbildung 46 Standwege L für Vor- und Fertigschneider und verschiedene Kriterien beim Gewindebohren hochwarmfester Werkstoffe

47 Standweggeraden L = f (v) für Vor- und Fertigschneider beim Gewindebohren von hochwarmfesten Werkstoffen

48 Drehmoment M_d in Abhängigkeit vom Standweg L beim Gewindebohren hochwarmfester Werkstoffe

49 Standweg L für Vor- und Fertigschneider beim Gewindebohren hochwarmfester Werkstoffe

50 Längsschnitt zweier Gewindebohrungen bei verschiedenem Kerndurchmesser

51 Drehmoment M_d in Abhängigkeit vom Standweg L beim Gewindebohren hochwarmfester Werkstoffe

52 Vergleich der Drehmomente M_d für Vor- und Fertigschneider beim Gewindebohren hochwarmfester Werkstoffe nach einem Standweg von L = 300 mm

53 Zerspanbarkeitsuntersuchungen (Drehen) an hochwarmfesten Werkstoffen. Vergleich der Standzeitgeraden

54 Bohrbarkeitskennziffer V_{L2000} in Abhängigkeit von der Festigkeit beim Bohren hochwarmfester Werkstoffe

FORSCHUNGSBERICHTE
DES WIRTSCHAFTS- UND VERKEHRSMINISTERIUMS
NORDRHEIN-WESTFALEN

Herausgegeben von Staatssekretär Prof. Dr. h. c. Leo Brandt

HEFT 1
Prof. Dr.-Ing. E. Flegler, Aachen
Untersuchungen oxydischer Ferromagnet-Werkstoffe
1952, 20 Seiten, DM 6,75

HEFT 2
Prof. Dr. W. Fuchs, Aachen
Untersuchungen über absatzfreie Teeröle
1952, 32 Seiten, 5 Abb., 6 Tabellen, DM 10,—

HEFT 3
Techn.-Wissenschaftl. Büro für die Bastfaserindustrie, Bielefeld
Untersuchungsarbeiten zur Verbesserung des Leinenwebstuhls
1952, 44 Seiten, 7 Abb., 3 Tabellen. DM 12,50

HEFT 4
Prof. Dr. E. A. Müller und Dipl.-Ing. H. Spitzer, Dortmund
Untersuchungen über die Hitzebelastung in Hüttenbetrieben
1952, 28 Seiten, 5 Abb., 1 Tabelle, DM 9,—

HEFT 5
Dipl.-Ing. W. Fister, Aachen
Prüfstand der Turbinenuntersuchungen
1952, 40 Seiten, 30 Abb., 3 Schaltbilder, DM 1,—

HEFT 6
Prof. Dr. W. Fuchs, Aachen
Untersuchungen über die Zusammensetzung und Verwendbarkeit von Schwelteerfraktionen
1952, 36 Seiten, DM 10,50

HEFT 7
Prof. Dr. W. Fuchs, Aachen
Untersuchungen über emsländisches Petrolatum
1952, 36 Seiten, 1 Abb., 17 Tabellen, DM 10,50

HEFT 8
M. E. Meffert und H. Stratmann, Essen
Algen-Großkulturen im Sommer 1951
1953, 52 Seiten, 4 Abb., 20 Tabellen, DM 9,75

HEFT 9
Techn.-Wissenschaftl. Büro für die Bastfaserindustrie, Bielefeld
Untersuchungen über die zweckmäßige Wicklungsart von Leinengarnkreuzspulen unter Berücksichtigung der Anwendung hoher Geschwindigkeiten des Garnes
Vorversuche für Zetteln und Schären von Leinengarnen auf Hochleistungsmaschinen
1952, 48 Seiten, 7 Abb., 7 Tabellen, DM 9,25

HEFT 10
Prof. Dr. W. Vogel, Köln
„Das Streifenpaar" als neues System zur mechanischen Vergrößerung kleiner Verschiebungen und seine technischen Anwendungsmöglichkeiten
1953, 20 Seiten, 6 Abb., DM 4,50

HEFT 11
Laboratorium für Werkzeugmaschinen und Betriebslehre, Technische Hochschule Aachen
1. Untersuchungen über Metallbearbeitung im Fräsvorgang mit Hartmetallwerkzeugen und negativem Spanwinkel
2. Weiterentwicklung des Schleifverfahrens für die Herstellung von Präzisionswerkstücken unter Vermeidung hoher Temperatur
3. Untersuchung von Oberflächenveredelungsverfahren zur Steigerung der Belastbarkeit hochbeanspruchter Bauteile
1953, 80 Seiten, 61 Abb., DM 15,75

HEFT 12
Elektrowärme-Institut, Langenberg (Rhld.)
Induktive Erwärmung mit Netzfrequenz
1952, 22 Seiten, 6 Abb., DM 5,20

HEFT 13
Techn.-Wissenschaftl. Büro für die Bastfaserindustrie, Bielefeld
Das Naßspinnen von Bastfasergarnen mit chemischen Zusätzen zum Spinnbad
1953, 52 Seiten, 4 Abb., 19 Tabellen, DM 10,—

HEFT 14
Forschungsstelle für Acetylen, Dortmund
Untersuchungen über Aceton als Lösungsmittel für Acetylen
1952, 64 Seiten, 10 Abb., 26 Tabellen, DM 12,25

HEFT 15
Wäschereiforschung Krefeld
Trocknen von Wäschestoffen
1953, 48 Seiten, 14 Abb., 2 Tabellen, DM 9,—

HEFT 16
Max-Planck-Institut für Kohlenforschung, Mülheim a. d. Ruhr
Arbeiten des MPI für Kohlenforschung
1953, 104 Seiten, 9 Abb., DM 17,80

HEFT 17
Ingenieurbüro Herbert Stein, M.-Gladbach
Untersuchung der Verzugsvorgänge in den Streckwerken verschiedener Spinnereimaschinen. 1. Bericht: Vergleichende Prüfung mit verschiedenen Dickenmeßgeräten
1952, 36 Seiten, 15 Abb., DM 8,—

HEFT 18
Wäschereiforschung Krefeld
Grundlagen zur Erfassung der chemischen Schädigung beim Waschen
1953, 68 Seiten, 15 Abb., 15 Tabellen, DM 12,75

HEFT 19
Techn.-Wissenschaftl. Büro für die Bastfaserindustrie, Bielefeld
Die Auswirkung des Schlichtens von Leinengarnketten auf den Verarbeitungswirkungsgrad, sowie die Festigkeit und Dehnungsverhältnisse der Garne und Gewebe
1953, 48 Seiten, 1 Abb., 9 Tabellen, DM 9,—

HEFT 20
Techn.-Wissenschaftl. Büro für die Bastfaserindustrie, Bielefeld
Trocknung von Leinengarnen I
Vorgang und Einwirkung auf die Garnqualität
1953, 62 Seiten, 18 Abb., 5 Tabellen, DM 12,—

HEFT 21
Techn.-Wissenschaftl. Büro für die Bastfaserindustrie, Bielefeld
Trocknung von Leinengarnen II
Spulenanordnung und Luftführung beim Trocknen von Kreuzspulen
1953, 66 Seiten, 22 Abb., 9 Tabellen, DM 13,—

HEFT 22
Techn.-Wissenschaftl. Büro für die Bastfaserindustrie, Bielefeld
Die Reparaturanfälligkeit von Webstühlen
1953, 28 Seiten, 7 Abb., 5 Tabellen, DM 5,80

HEFT 23
Institut für Starkstromtechnik, Aachen
Rechnerische und experimentelle Untersuchungen zur Kenntnis der Metadyne als Umformer von konstanter Spannung auf konstanten Strom
1953, 52 Seiten, 20 Abb., 4 Tafeln, DM 9,75

HEFT 24
Institut für Starkstromtechnik, Aachen
Vergleich verschiedener Generator-Metadyne-Schaltungen in bezug auf statisches Verhalten
1952, 44 Seiten, 23 Abb., DM 8,50

HEFT 25
Gesellschaft für Kohlentechnik mbH., Dortmund-Eving
Struktur der Steinkohlen und Steinkohlen-Kokse
1953, 58 Seiten, DM 11,—

HEFT 26
Techn.-Wissenschaftl. Büro für die Bastfaserindustrie, Bielefeld
Vergleichende Untersuchungen zweier neuzeitlicher Ungleichmäßigkeitsprüfer für Bänder und Garne hinsichtlich ihrer Eignung für die Bastfaserspinnerei
1953, 64 Seiten, 30 Abb., DM 12,50

HEFT 27
Prof. Dr. E. Schratz, Münster
Untersuchungen zur Rentabilität des Arzneipflanzenanbaues Römische Kamille, Anthemis nobilis L.
1953, 16 Seiten, 1 Tabelle, DM 3,60

HEFT 28
Prof. Dr. E. Schratz, Münster
Calendula officinalis L. Studien zur Ernährung, Blütenfüllung und Rentabilität der Drogengewinnung
1953, 24 Seiten, 2 Abb., 3 Tabellen, DM 5,20

HEFT 29
Techn.-Wissenschaftl. Büro für die Bastfaserindustrie, Bielefeld
Die Ausnützung der Leinengarne in Geweben
1953, 100 Seiten, 14 Abb., 10 Tabellen, DM 17,80

HEFT 30
Gesellschaft für Kohlentechnik mbH., Dortmund-Eving
Kombinierte Entaschung und Verschwelung von Steinkohle; Aufarbeitung von Steinkohlenschlämmen zu verkokbarer oder verschwelbarer Kohle
1953, 56 Seiten, 16 Abb., 10 Tabellen, DM 10,50

HEFT 31
Dipl.-Ing. A. Stormanns, Essen
Messung des Leistungsbedarfs von Doppelsteg-Kettenförderern
1954, 54 Seiten, 18 Abb., 3 Anlagen, DM 11,—

HEFT 32
Techn.-Wissenschaftl. Büro für die Bastfaserindustrie, Bielefeld
Der Einfluß der Natriumchloridbleiche auf Qualität und Verwebbarkeit von Leinengarnen und die Eigenschaften der Leinengewebe unter besonderer Berücksichtigung des Einsatzes von Schützen- und Spulenwechselautomaten in der Leinenweberei
1953, 64 Seiten, 2 Abb., 12 Tabellen, DM 11,50

HEFT 33
Kohlenstoffbiologische Forschungsstation e. V.
Eine Methode zur Bestimmung von Schwefeldioxyd und Schwefelwasserstoff in Rauchgasen und in der Atmosphäre
1953, 32 Seiten, 8 Abb., 3 Tabellen, DM 6,50

HEFT 34
Textilforschungsanstalt Krefeld
Quellungs- und Entquellungsvorgänge bei Faserstoffen
1953, 52 Seiten, 13 Abb., 13 Tabellen, DM 9,80

WESTDEUTSCHER VERLAG · KÖLN UND OPLADEN

HEFT 35
Professor Dr. W. Kast, Krefeld
Feinstrukturuntersuchungen an künstlichen Zellulosefasern verschiedener Herstellungsverfahren. Teil I: Der Orientierungszustand
1953, 74 Seiten, 30 Abb., 7 Tabellen, DM 13,80

HEFT 36
Forschungsinstitut der feuerfesten Industrie, Bonn
Untersuchungen über die Trocknung von Rohton
Untersuchungen über die chemische Reinigung von Silika- und Schamotte-Rohstoffen mit chlorhaltigen Gasen
1953, 60 Seiten, 5 Abb., 5 Tabellen, DM 11,—

HEFT 37
Forschungsinstitut der feuerfesten Industrie, Bonn
Untersuchungen über den Einfluß der Probenvorbereitung auf die Kaltdruckfestigkeit feuerfester Steine
1953, 40 Seiten, 2 Abb., 5 Tabellen, DM 7,80

HEFT 38
Forschungsstelle für Acetylen, Dortmund
Untersuchungen über die Trocknung von Acetylen zur Herstellung von Dissousgas
1953, 36 Seiten, 11 Abb., 3 Tabellen, DM 6,80

HEFT 39
Forschungsgesellschaft Blechverarbeitung e. V., Düsseldorf
Untersuchungen an prägegemusterten und vorgelochten Blechen
1953, 46 Seiten, 34 Abb., DM 9,50

HEFT 40
Landesgeologe Dr.-Ing. W. Wolff,
Amt für Bodenforschung, Krefeld
Untersuchungen über die Anwendbarkeit geophysikalischer Verfahren zur Untersuchung von Spateisengängen im Siegerland
1953, 46 Seiten, 8 Abb., DM 8,80

HEFT 41
Techn.-Wissenschaftl. Büro für die Bastfaserindustrie, Bielefeld
Untersuchungsarbeiten zur Verbesserung des Leinenwebstuhles II
1953, 40 Seiten, 4 Abb., 5 Tabellen, DM 7,80

HEFT 42
Professor Dr. B. Helferich, Bonn
Untersuchungen über Wirkstoffe — Fermente — in der Kartoffel und die Möglichkeit ihrer Verwendung
1953, 58 Seiten, 9 Abb., DM 11,—

HEFT 43
Forschungsgesellschaft Blechverarbeitung e. V., Düsseldorf
Forschungsergebnisse über das Beizen von Blechen
1953, 48 Seiten, 38 Abb., 2 Tabellen, DM 11,30

HEFT 44
Arbeitsgemeinschaft für praktische Dehnungsmessung, Düsseldorf
Eigenschaften und Anwendungen von Dehnungsmeßstreifen
1953, 68 Seiten, 43 Abb., 2 Tabellen, DM 13,70

HEFT 45
Losenhausenwerk Düsseldorfer Maschinenbau AG., Düsseldorf
Untersuchungen von störenden Einflüssen auf die Lastgrenzenanzeige von Dauerschwingprüfmaschinen
1953, 36 Seiten, 11 Abb., 3 Tabellen, DM 7,25

HEFT 46
Prof. Dr. W. Fuchs, Aachen
Untersuchungen über die Aufbereitung von Wasser für die Dampferzeugung in Benson-Kesseln
1953, 58 Seiten, 18 Abb., 9 Tabellen, DM 11,20

HEFT 47
Prof. Dr.-Ing. K. Krekeler, Aachen
Versuche über die Anwendung der induktiven Erwärmung zum Sintern von hochschmelzenden Metallen sowie zur Anlegierung und Vergütung von aufgespritzten Metallschichten mit dem Grundwerkstoff
1954, 66 Seiten, 39 Abb., DM 13,90

HEFT 48
Max-Planck-Institut für Eisenforschung, Düsseldorf
Spektrochemische Analyse der Gefügebestandteile in Stählen nach ihrer Isolierung
1953, 38 Seiten, 8 Abb., 5 Tabellen, DM 7,80

HEFT 49
Max-Planck-Institut für Eisenforschung, Düsseldorf
Untersuchungen über Ablauf der Desoxydation und die Bildung von Einschlüssen in Stählen
1953, 52 Seiten, 19 Abb., 3 Tabellen, DM 12,40

HEFT 50
Max-Planck-Institut für Eisenforschung, Düsseldorf
Flammenspektralanalytische Untersuchung der Ferritzusammensetzung in Stählen
1953, 44 Seiten, 15 Abb., 4 Tabellen, DM 8,60

HEFT 51
Verein zur Förderung von Forschungs- und Entwicklungsarbeiten in der Werkzeugindustrie e. V., Remscheid
Untersuchungen an Kreissägeblättern für Holz, Fehler- und Spannungsprüfverfahren
1953, 50 Seiten, 23 Abb., DM 10,—

HEFT 52
Forschungsstelle für Acetylen, Dortmund
Untersuchungen über den Umsatz bei der explosiblen Zersetzung von Azetylen
a) Zersetzung von gasförmigem Azetylen
b) Zersetzung von an Silikagel absorbiertem Azetylen
1954, 48 Seiten, 8 Abb., 10 Tabellen, DM 9,25

HEFT 53
Professor Dr.-Ing. H. Opitz, Aachen
Reibwert und Verschleißmessungen an Kunststoffgleitführungen für Werkzeugmaschinen
1954, 38 Seiten, 18 Abb., DM 8,20

HEFT 54
Professor Dr.-Ing. F. A. F. Schmidt, Aachen
Schaffung von Grundlagen für die Erhöhung der spez. Leistung und Herabsetzung des spez. Brennstoffverbrauches bei Ottomotoren mit Teilbericht über Arbeiten an einem neuen Einspritzverfahren
1954, 34 Seiten, 15 Abb., DM 7,40

HEFT 55
Forschungsgesellschaft Blechverarbeitung e. V., Düsseldorf
Chemisches Glänzen von Messing und Neusilber
1954, 50 Seiten, 21 Abb., 1 Tabelle, DM 10,20

HEFT 56
Forschungsgesellschaft Blechverarbeitung e. V., Düsseldorf
Untersuchungen über einige Probleme der Behandlung von Blechoberflächen
1954, 52 Seiten, 42 Abb., DM 11,20

HEFT 57
Prof. Dr.-Ing. F. A. F. Schmidt, Aachen
Untersuchungen zur Erforschung des Einflusses des chemischen Aufbaues des Kraftstoffes auf sein Verhalten im Motor und in Brennkammern von Gasturbinen
1954, 70 Seiten, 32 Abb., DM 14,60

HEFT 58
Gesellschaft für Kohlentechnik mbH., Dortmund
Herstellung und Untersuchung von Steinkohlenschwelteer
1954, 74 Seiten, 9 Abb., 9 Tabellen, DM 13,75

HEFT 59
Forschungsinstitut der Feuerfest-Industrie e. V., Bonn
Ein Schnellanalysenverfahren zur Bestimmung von Aluminiumoxyd, Eisenoxyd und Titanoxyd in feuerfestem Material mittels organischer Farbreagenzien auf photometrischem Wege
Untersuchungen des Alkali-Gehaltes feuerfester Stoffe mit dem Flammenphotometer nach Riehm-Lange
1954, 62 Seiten, 12 Abb., 3 Tabellen, DM 11,60

HEFT 60
Forschungsgesellschaft Blechverarbeitung e. V., Düsseldorf
Untersuchungen über das Spritzlackieren im elektrostatischen Hochspannungsfeld
1954, 82 Seiten, 53 Abb., 7 Tabellen, DM 17,—

HEFT 61
Verein zur Förderung von Forschungs- und Entwicklungsarbeiten in der Werkzeugindustrie e. V., Remscheid
Schwingungs- und Arbeitsverhalten von Kreissägeblättern für Holz
1954, 54 Seiten, 31 Abb., DM 11,40

HEFT 62
Professor Dr. W. Franz, Institut für theoretische Physik der Universität Münster
Berechnung des elektrischen Durchschlags durch feste und flüssige Isolatoren
1954, 36 Seiten, DM 7,—

HEFT 63
Textilforschungsanstalt Krefeld
Neue Methoden zur Untersuchung der Wirkungsweise von Textilhilfsmitteln
Untersuchungen über Schlichtungs- und Entschlichtungsvorgänge
1954, 34 Seiten, 1 Abb., 5 Tabellen, DM 6,80

HEFT 64
Textilforschungsanstalt Krefeld
Die Kettenlängenverteilung von hochpolymeren Faserstoffen
Über die fraktionierte Fällung von Polyamiden
1954, 44 Seiten, 13 Abb., DM 8,60

HEFT 65
Fachverband Schneidwarenindustrie, Solingen
Untersuchungen über das elektrolytische Polieren von Tafelmesserklingen aus rostfreiem Stahl
1954, 90 Seiten, 38 Abb., 9 Tabellen, DM 17,35

HEFT 66
Dr.-Ing. P. Füsgen VDI †, Düsseldorf
Untersuchungen über das Auftreten des Ratterns bei selbsthemmenden Schneckengetrieben und seine Verhütung
1954, 32 Seiten, 5 Abb., DM 6,60

HEFT 67
Heinrich Wösthoff o. H. G., Apparatebau, Bochum
Entwicklung einer chemisch-physikalischen Apparatur zur Bestimmung kleinster Kohlenoxyd-Konzentrationen
1954, 94 Seiten, 48 Abb., 2 Tabellen, DM 18,25

HEFT 68
Kohlenstoffbiologische Forschungsstation e. V., Essen
Algengroßkulturen im Sommer 1952
II. Über die unsterile Großkultur von Scenedesmus obliquus
1954, 62 Seiten, 3 Abb., 29 Tabellen, DM 11,40

HEFT 69
Wäschereiforschung Krefeld
Bestimmung des Faserbaues bei Leinen unter besonderer Berücksichtigung der Leinengarnbleiche
1954, 48 Seiten, 15 Abb., 3 Tabellen, DM 9,60

HEFT 70
Wäschereiforschung Krefeld
Trocknen von Wäschestoffen
1954, 52 Seiten, 18 Abb., 3 Tabellen, DM 10,—

HEFT 71
Prof. Dr.-Ing. K. Leist, Aachen
Kleingasturbinen, insbesondere zum Fahrzeugantrieb
1954, 114 Seiten, 85 Abb., DM 22,—

HEFT 72
Prof. Dr.-Ing. K. Leist, Aachen
Beitrag zur Untersuchung von stehenden geraden Turbinengittern mit Hilfe von Druckverteilungsmessungen
1954, 152 Seiten, 111 Abb., DM 36,20

HEFT 73
Prof. Dr.-Ing. K. Leist, Aachen
Spannungsoptische Untersuchungen von Turbinenschaufelfüßen
1954, 66 Seiten, 46 Abb., 2 Tabellen, DM 14,60

HEFT 74
Max-Planck-Institut für Eisenforschung, Düsseldorf
Versuche zur Klärung des Umwandlungsverhaltens eines sonderkarbidbildenden Chromstahls
1954, 58 Seiten, 10 Abb., DM 14,—

HEFT 75
Max-Planck-Institut für Eisenforschung, Düsseldorf
Zeit-Temperatur-Umwandlungs-Schaubilder als Grundlage der Wärmebehandlung der Stähle
1954, 44 Seiten, 13 Abb., DM 8,70

HEFT 76
Max-Planck-Institut für Arbeitsphysiologie, Dortmund
Arbeitstechnische und arbeitsphysiologische Rationalisierung von Mauersteinen
1954, 52 Seiten, 12 Abb., 3 Tabellen, DM 10,20

HEFT 77
Meteor Apparatebau Paul Schmeck GmbH., Siegen
Entwicklung von Leuchtstoffröhren hoher Leistung
1954, 46 Seiten, 12 Abb., 2 Tabellen, DM 9,15

HEFT 78
Forschungsstelle für Acetylen, Dortmund
Über die Zustandsgleichung des gasförmigen Acetylens und das Gleichgewicht Acetylen — Aceton
1954, 42 Seiten, 3 Abb., 8 Tabellen, DM 8,—

HEFT 79
Techn.-Wissenschaftl. Büro für die Bastfaserindustrie, Bielefeld
Trocknung von Leinengarnen III
Spinnspulen- und Spinnkopstrocknung
Vorgang und Einwirkung auf die Garnqualität
1954, 74 Seiten, 18 Abb., 10 Tabellen, DM 14,—

WESTDEUTSCHER VERLAG · KÖLN UND OPLADEN

HEFT 80
Techn.-Wissenschaftl. Büro für die Bastfaserindustrie, Bielefeld
Die Verarbeitung von Leinengarn auf Webstühlen mit und ohne Oberbau
1954, 30 Seiten, 2 Abb., 2 Tabellen, DM 6,—

HEFT 81
Prüf- und Forschungsinstitut für Ziegeleierzeugnisse, Essen-Kray
Die Einführung des großformatigen Einheits-Gitterziegels im Lande Nordrhein-Westfalen
1954, 54 Seiten, 2 Abb., 2 Tabellen, DM 10,—

HEFT 82
Vereinigte Aluminium-Werke AG., Bonn
Forschungsarbeiten auf dem Gebiet der Veredelung von Aluminium-Oberflächen
1954, 46 Seiten, 34 Abb., DM 9,60

HEFT 83
Prof. Dr. S. Strugger, Münster
Über die Struktur der Proplastiden
1954, 30 Seiten, 15 Abb., DM 8,40

HEFT 84
Dr. H. Baron, Düsseldorf
Über Standardisierung von Wundtextilien
1954, 32 Seiten, DM 6,40

HEFT 85
Textilforschungsanstalt Krefeld
Physikalische Untersuchungen an Fasern, Fäden, Garnen und Geweben:
Untersuchungen am Knickscheuergerät nach Weltzien
1954, 40 Seiten, 11 Abb., 8 Tabellen, DM 10,—

HEFT 86
Prof. Dr.-Ing. H. Opitz, Aachen
Untersuchungen über das Fräsen von Baustahl sowie über den Einfluß des Gefüges auf die Zerspanbarkeit
1954, 108 Seiten, 73 Abb., 7 Tabellen, DM 22,—

HEFT 87
Gemeinschaftsausschuß Verzinken, Düsseldorf
Untersuchungen über Güte von Verzinkungen
1954, 68 Seiten, 56 Abb., 3 Tabellen, DM 15,30

HEFT 88
Gesellschaft für Kohlentechnik mbH., Dortmund-Eving
Oxydation von Steinkohle mit Salpetersäure
1954, 62 Seiten, 2 Abb., 1 Tabelle, DM 11,50

HEFT 89
Verein Deutscher Ingenieure, Gleitlagerforschung, Düsseldorf und Prof. Dr.-Ing. G. Vogelpohl, Göttingen
Versuche mit Preßstoff-Lagern für Walzwerke
1954, 70 Seiten, 34 Abb., DM 14,10

HEFT 90
Forschungs-Institut der Feuerfest-Industrie, Bonn
Das Verhalten von Silikasteinen im Siemens-Martin-Ofengewölbe
1954, 62 Seiten, 15 Abb., 11 Tabellen, DM 11,90

HEFT 91
Forschungs-Institut der Feuerfest-Industrie, Bonn
Untersuchungen des Zusammenhangs zwischen Leistung und Kohlenverbrauch von Kammeröfen zum Brennen von feuerfesten Materialien
1954, 42 Seiten, 6 Abb., DM 8,30

HEFT 92
Techn.-Wissenschaftl. Büro für die Bastfaserindustrie, Bielefeld und Laboratorium für textile Meßtechnik, M.-Gladbach
Messungen von Vorgängen am Webstuhl
1954, 76 Seiten, 45 Abb., DM 15,50

HEFT 93
Prof. Dr. W. Kast, Krefeld
Spinnversuche zur Strukturerfassung künstlicher Zellulosefasern
1954, 82 Seiten, 39 Abb., 6 Tabellen, DM 16,—

HEFT 94
Prof. Dr. G. Winter, Bonn
Die Heilpflanzen des MATTHIOLUS (1611) gegen Infektionen der Harnwege und Verunreinigung der Wunden bzw. zur Förderung der Wundheilung im Lichte der Antibiotikaforschung
1954, 58 Seiten, 1 Abb., 2 Tabellen, DM 11,50

HEFT 95
Prof. Dr. G. Winter, Bonn
Untersuchungen über die flüchtigen Antibiotika aus der Kapuziner- (Tropaeolum maius) und Gartenkresse (Lepidium sativum) und ihr Verhalten im menschlichen Körper bei Aufnahme von Kapuziner- bzw. Gartenkressesalat per os
1955, 74 Seiten, 9 Abb., 25 Tabellen, DM 14,—

HEFT 96
Dr.-Ing. P. Koch, Dortmund
Austritt von Exoelektronen aus Metalloberflächen unter Berücksichtigung der Verwendung des Effektes für die Materialprüfung
1954, 34 Seiten, 13 Abb., DM 7,—

HEFT 97
Ing. H. Stein, Laboratorium für textile Meßtechnik, M.-Gladbach
Untersuchung der Verzugsvorgänge an den Streckwerken verschiedener Spinnereimaschinen
2. Bericht: Ermittlung der Haft-Gleiteigenschaften von Faserbändern und Vorgarnen
1955, 98 Seiten, 54 Abb., DM 21,—

HEFT 98
Fachverband Gesenkschmieden, Hagen
Die Arbeitsgenauigkeit beim Gesenkschmieden unter Hämmern
1955, 132 Seiten, 55 Abb., 9 Tabellen, DM 24,75

HEFT 99
Prof. Dr.-Ing. G. Garbotz, Aachen
Der Kraft- und Arbeitsaufwand sowie die Leistungen beim Biegen von Bewehrungsstählen in Abhängigkeit von den Abmessungen, den Formen und der Güte der Stähle (Ermittlung von Leistungsrichtlinien)
1955, 136 Seiten, 53 Abb., 3 Anlagen, 18 Tabellen, DM 30,—

HEFT 100
Prof. Dr.-Ing. H. Opitz, Aachen
Untersuchungen von elektrischen Antrieben, Steuerungen und Regelungen an Werkzeugmaschinen
1955, 166 Seiten, 71 Abb., 3 Tabellen, DM 31,30

HEFT 101
Prof. Dr.-Ing. H. Opitz, Aachen
Wirtschaftlichkeitsbetrachtungen beim Außenrundschleifen
1955, 100 Seiten, 56 Abb., 3 Tabellen, DM 19,30

HEFT 102
Dr. P. Hölemann, Ing. R. Hasselmann und Ing. G. Dix, Dortmund
Untersuchungen über die thermische Zündung von explosiblen Acetylenzersetzungen in Kapillaren
1954, 44 Seiten, 5 Abb., 4 Tabellen, DM 8,60

HEFT 103
Prof. Dr. W. Weizel, Bonn
Durchführung von experimentellen Untersuchungen über den zeitlichen Ablauf von Funken in komprimierten Edelgasen sowie zu deren mathematischen Berechnung
1955, 46 Seiten, 12 Abb., DM 9,10

HEFT 104
Prof. Dr. W. Weizel, Bonn
Über den Einfluß der Elektroden auf die Eigenschaften von Cadmium-Sulfid-Widerstands-Photozellen
1955, 48 Seiten, 12 Abb., DM 9,45

HEFT 105
Dr.-Ing. R. Meldau, Harsewinkel/Westf.
Auswertung von Gekörn — Analyses des Musterstaubes „Flugasche Fortuna I"
1955, 42 Seiten, 14 Abb., DM 8,50

HEFT 106
ORR. Dr.-Ing. W. Küch, Dortmund
Untersuchungen über die Einwirkung von feuchtigkeitsgesättigter Luft auf die Festigkeit von Leimverbindungen
1954, 60 Seiten, 10 Abb., 6 Tabellen, DM 11,40

HEFT 107
Prof. Dr. H. Lange und Dipl.-Phys. P. St. Pütter, Köln
Über die Konstruktion von Laboratoriumsmagneten
1955, 66 Seiten, 19 Abb., 1 Tabelle, DM 12,30

HEFT 108
Prof. Dr. W. Fuchs, Aachen
Untersuchungen über neue Beizmethoden und Beizabwässer
I. Die Entzunderung von Drähten mit Natriumhydrid
II. Die Aufbereitung von Beizabwässern
1955, 82 S., 15 Abb., 14 Tabellen, 1 Falttafel, DM 15,25

HEFT 109
Dr. P. Hölemann und Ing. R. Hasselmann, Dortmund
Untersuchungen über die Löslichkeit von Azetylen in verschiedenen organischen Lösungsmitteln
1954, 42 Seiten, 10 Abb., 8 Tabellen, DM 8,30

HEFT 110
Dr. P. Hölemann und Ing. R. Hasselmann, Dortmund
Untersuchungen über den Druckverlauf bei der explosiblen Zersetzung von gasförmigem Azetylen
1955, 54 Seiten, 10 Abb., 5 Tabellen, DM 11,—

HEFT 111
Fachverband Steinzeugindustrie, Köln
Die Entwicklung eines Gerätes zur Beschickung seitlicher Feuer von Steinzeug-Einzelkammeröfen mit festen Brennstoffen
1955, 46 Seiten, 16 Abb., DM 9,40

HEFT 112
Prof. Dr.-Ing. H. Opitz, Aachen
Verschleißmessungen beim Drehen mit aktivierten Hartmetallwerkzeugen
1954, 44 Seiten, 17 Abb., 6 Tabellen, DM 8,80

HEFT 113
Prof. Dr. O. Graf, Dortmund
Erforschung der geistigen Ermüdung und nervösen Belastung: Studien über die vegetative 24-Stunden-Rhythmik in Ruhe und unter Belastung
1955, 40 Seiten, 12 Abb., DM 8,20

HEFT 114
Prof. Dr. O. Graf, Dortmund
Studien über Fließarbeitsprobleme an einer praxisnahen Experimentieranlage
1954, 34 Seiten, 6 Abb., DM 7,—

HEFT 115
Prof. Dr. O. Graf, Dortmund
Studium über Arbeitspausen in Betrieben bei freier und zeitgebundener Arbeit (Fließarbeit) und ihre Auswirkung auf die Leistungsfähigkeit
1955, 50 Seiten, 13 Abb., 2 Tabellen, DM 9,80

HEFT 116
Prof. Dr.-Ing. E. Siebel und Dr.-Ing. H. Weiss, Stuttgart
Untersuchungen an einigen Problemen des Tiefziehens — I. Teil
1955, 74 Seiten, 50 Abb., 5 Tabellen, DM 14,50

HEFT 117
Dr.-Ing. H. Beißwänger, Stuttgart, und Dr.-Ing. S. Schwandt, Trier
Untersuchungen an einigen Problemen des Tiefziehens — II. Teil
1955, 92 Seiten, 34 Abb., 8 Tabellen, DM 17,70

HEFT 118
Prof. Dr. E. A. Müller und Dr. H. G. Wenzel, Dortmund
Neuartige Klima-Anlage zur Erzeugung ungleicher Luft- und Strahlungstemperaturen in einem Versuchsraum
1955, 68 Seiten, 10 z. T. mehrfarb. Abb., DM 14,—

HEFT 119
Dr.-Ing. O. Viertel, Krefeld
Wäscherei- und energietechnische Untersuchung einer Gemeinschafts-Waschanlage
1955, 50 Seiten, 18 Abb., DM 10,20

HEFT 120
Dipl.-Ing. A. Weisbecker, Lüdenscheid
Über Anfressung an Reinstaluminium-Schweißnähten bei der elektrolytischen Oxydation
Gebr. Hörstermann GmbH., Velbert
Entwicklung und Erprobung eines neuartigen Gummibandförderers
1955, 46 Seiten, 18 Abb., DM 9,70

HEFT 121
Dr. H. Krebs, Bonn
I. Die Struktur und die Eigenschaften der Halbmetalle
II. Die Bestimmung der Atomverteilung in amorphen Substanzen
III. Die chemische Bindung in anorganischen Festkörpern und das Entstehen metallischer Eigenschaften
1955, 124 Seiten, 36 Abb., 13 Tabellen, DM 22,90

HEFT 122
Prof. Dr. W. Fuchs, Aachen
Untersuchungen zur Verbesserung der Wasseraufbereitung und Wasseranalyse:
Über die Schnellbewertung von Ionenaustauscher
1955, 62 Seiten, 32 Abb., DM 12,30

HEFT 123
Dipl.-Ing. J. Emondts, Aachen
Über Bodenverformungen bei stark gestörtem und mächtigem, wasserführendem Deckgebirge im Aachener Steinkohlengebiet
1955, 196 Seiten, 37 Abb., 10 Tabellen, DM 28,80

HEFT 124
Prof. Dr. R. Seyffert, Köln
Wege und Kosten der Distribution der Hausratwaren im Lande Nordrhein-Westfalen
1955, 74 Seiten, 25 Tabellen, DM 9,—

WESTDEUTSCHER VERLAG · KÖLN UND OPLADEN

HEFT 125
Prof. Dr. E. Kappler, Münster
Eine neue Methode zur Bestimmung von Kondensations-Koeffizienten von Wasser
1955, 46 Seiten, 11 Abb., 1 Tabelle, DM 9,10

HEFT 126
Prof. Dr.-Ing. J. Mathieu, Aachen
Arbeitszeitvergleich
Grundlagen, Methodik und praktische Durchführung
1955, 70 Seiten, DM 13,—

HEFT 127
Güteschutz Betonstein e. V., Arbeitskreis Nordrhein-Westfalen, Dortmund
Die Betonwaren-Gütesicherung im Lande Nordrhein-Westfalen
1955, 58 Seiten, 15 Abb., 3 Tabellen, DM 11,50

HEFT 128
Prof. Dr. O. Schmitz-DuMont, Bonn
Untersuchungen über Reaktionen in flüssigem Ammoniak
1955, 96 Seiten, 11 Abb., 6 Tabellen, DM 17,75

HEFT 129
Prof. Dr.-Ing. J. Mathieu und Dr. C. A. Roos, Aachen
Die Anlernung von Industriearbeitern
I. Ergebnisse einer grundsätzlichen Untersuchung der gegenwärtigen Industriearbeiter-Kurzanlernung
1955, 106 Seiten, DM 19,70

HEFT 130
Prof. Dr.-Ing. J. Mathieu und Dr. C. A. Roos, Aachen
Die Anlernung von Industriearbeitern
II. Beiträge zur Methodenfrage der Kurzanlernung
1955, 108 Seiten, DM 19,90

HEFT 131
Dr. W. Hoerburger, Köln
Versuche zur Biosynthese von Eiweiß aus Kohlenwasserstoff
1955, 34 Seiten, 2 Abb., DM 6,90

HEFT 132
Prof. Dr. W. Seith, Münster
Über Diffusionserscheinungen in festen Metallen
1955, 42 Seiten, 19 Abb., 4 Tabellen, DM 9,10

HEFT 133
Prof. Dr. E. Jenckel, Aachen
Über einen für Schwermetalle selektiven Ionenaustauscher
1955, 48 Seiten, 8 Abb., 13 Tabellen, DM 9,50

HEFT 134
Prof. Dr.-Ing. H. Winterhager, Aachen
Über die elektrochemischen Grundlagen der Schmelzfluß-Elektrolyse von Bleisulfid in geschmolzenen Mischungen mit Bleichlorid
1955, 54 Seiten, 20 Abb., 5 Tabellen, DM 11,80

HEFT 135
Prof. Dr.-Ing. K. Krekeler und Dr.-Ing. H. Peukert, Aachen
Die Änderung der mechanischen Eigenschaften thermoplastischer Kunststoffe durch Warmrecken
1955, 54 Seiten, 27 Abb., DM 11,10

HEFT 136
Dipl.-Phys. P. Pilz, Remscheid
Über spezielle Probleme der Zerkleinerungstechnik von Weichstoffen
1955, 58 Seiten, 19 Abb., 2 Tabellen, DM 11,50

HEFT 137
Prof. Dr. W. Baumeister, Münster
Beiträge zur Mineralstoffernährung der Pflanzen
1955, 64 Seiten, 6 Tabellen, DM 11,80

HEFT 138
Dr. P. Hölemann und Ing. R. Hasselmann, Dortmund
Untersuchungen über die Zersetzungswärme von gasförmigem und in Azeton gelöstem Azetylen
1955, 54 Seiten, 8 Abb., 7 Tabellen, DM 10,40

HEFT 139
Prof. Dr. W. Fuchs, Aachen
Studien über die thermische Zersetzung der Kohle und die Kohlendestillatprodukte
1955, 64 Seiten, 20 Abb., 22 Tabellen, DM 11,80

HEFT 140
Dr.-Ing. G. Hausberg, Essen
Modellversuche an Zyklonen
1955, 78 Seiten, 24 Abb., DM 15,70

HEFT 141
Dr. J. van Calker und Dr. R. Wienecke, Münster
Untersuchungen über den Einfluß dritter Analysenpartner auf die spektrochemische Analyse
1955, 42 Seiten, 15 Abb., DM 9,10

HEFT 142
Dipl.-Ing. G. M. F. Wiebel, Hannover, A. Konermann und A. Ottenheym, Sennelager
Entwicklung eines Kalksandleichtsteines
1955, 38 Seiten, 4 Abb., DM 8,—

HEFT 143
Prof. Dr. F. Wever, Dr. A. Rose und Dipl.-Ing. W. Straßburg, Düsseldorf
Härtbarkeit und Umwandlungsverhalten der Stähle
1955, 50 Seiten, 12 Abb., 3 Tabellen, DM 10,70

HEFT 144
Prof. Dr. H. Wurmbach, Bonn
Steuerung von Wachstum und Formbildung
1955, 48 Seiten, 19 Abb., DM 10,30

HEFT 145
Dr. G. Hennemann, Werdohl (Westf.)
Beitrag zur Interpretation der modernen Atomphysik
1955, 34 Seiten, DM 10,—

HEFT 146
Dr.-Ing. F. Gruß, Düsseldorf
Sterilisation mit Heißluft
1955, 34 Seiten, 10 Abb., DM 7,70

HEFT 147
Dr.-Ing. W. Rudisch, Unna
Untersuchung einer drehelastischen Elektromagnet-Synchronkupplung
1955, 82 Seiten, 65 Abb., DM 17,70

HEFT 148
Prof. Dr. H. Bittel u. Dipl.-Phys. L. Storm, Münster
Untersuchungen über Widerstandsrauschen
1955, 40 Seiten, 5 Abb., DM 8,40

HEFT 149
Dipl.-Ing. K. Konopicky und Dipl.-Chem. P. Kampa, Bonn
I. Beitrag zur flammenphotometrischen Bestimmung des Calciums.
Dr.-Ing. K. Konopicky, Bonn
II. Die Wanderung von Schlackenbestandteilen in feuerfesten Baustoffen
1955, 54 Seiten, 10 Abb., 5 Tabellen, DM 11,—

HEFT 150
Prof. Dr.-Ing. O. Kienzle und Dipl.-Ing. W. Timmerbeil, Hannover
Das Durchziehen enger Kragen an ebenen Fein- und Mittelblechen
1955, 52 Seiten, 20 Abb., 8 Tabellen, DM 11,30

HEFT 151
Dipl.-Ing. P. Karabasch, Aachen
Feststellung des optimalen Gasgehaltes von Bronzen zur Erzielung druckdichter Gußstücke
1956, 64 Seiten, 31 Abb., 5 Tabellen, DM 13,90

HEFT 152
Dipl.-Ing. G. Müller, Köln
Ermittlung der Laufeigenschaften (Vergießbarkeit) von Bronze und Rotguß mittels der Schneider-Gießspirale
1955, 60 Seiten, 33 Abb., DM 13,30

HEFT 153
Prof. Dr. F. Wever, Dr.-Ing. W. A. Fischer und Dipl.-Ing. J. Engelbrecht, Düsseldorf
I. Die Reduktion sauerstoffhaltiger Eisenschmelzen im Hochvakuum mit Wasserstoff und Kohlenstoff
II. Einfluß geringer Sauerstoffgehalte auf das Gefüge und Alterungsverhalten von Reineisen
1955, 54 Seiten, 15 Abb., 2 Tabellen, DM 12,40

HEFT 154
Prof. Dr.-Ing. P. Bardenheuer und Dr.-Ing. W. A. Fischer, Düsseldorf
Die Verschlackung von Titan aus Stahlschmelzen im sauren und basischen Hochfrequenzofen unter verschiedenen Schlacken
1955, 36 Seiten, 10 Abb., 1 Tabelle, DM 7,95

HEFT 155
Dipl.-Phys. K. H. Schirmer, München
Die auf Grau abgestimmte Farbwiedergabe im Dreifarbenbuchdruck
1955, 46 Seiten, 17 Abb., 2 Farbtafeln, DM 10,—

HEFT 156
Prof. Dr.-Ing. B. von Borries und Mitarbeiter, Düsseldorf
Die Entwicklung regelbarer permanentmagnetischer Elektronenlinsen hoher Brechkraft und eines mit ihnen ausgerüsteten Elektronenmikroskopes neuer Bauart
1956, 102 Seiten, 52 Abb., DM 22,55

HEFT 157
Dr. W. Jawtusch, Dr. G. Schuster und Prof. Dr.-Ing. R. Jaeckel, Bonn
Untersuchungen über die Stoßvorgänge zwischen neutralen Atomen und Molekülen
1955, 48 Seiten, 15 Abb., 3 Tabellen, DM 10,50

HEFT 158
Dipl.-Ing. W. Rosenkranz, Meinerzhagen
Ein Beitrag zum Problem der Spannungskorrosion bei Preßprofilen und Preßteilen aus Aluminium-Legierungen
1956, 112 Seiten, 61 Abb., 5 Tabellen, DM 27,40

HEFT 159
Dr.-Ing. O. Viertel und O. Oldenroth, Krefeld
Das Bleichen von Weißwäsche mit Wasserstoffsuperoxyd bzw. Natriumhypochlorit beim maschinellen Waschen
1955, 54 Seiten, 23 Abb., 2 Tabellen, DM 11,45

HEFT 160
Prof. Dr. W. Klemm, Münster
Über neue Sauerstoff- und Fluor-haltige Komplexe
1955, 50 Seiten, 13 Abb., 7 Tabellen, DM 10,80

HEFT 161
Prof. Dr. W. Weltzien und Dr. G. Hauschild, Krefeld
Über Silikone und ihre Anwendung in der Textilveredlung
1955, 162 Seiten, 22 Abb., 10 Tabellen, DM 27,—

HEFT 162
Prof. Dr. F. Wever, Prof. Dr. A. Kochendörfer und Dr.-Ing. Chr. Rohrbach, Düsseldorf
Kennzeichnung der Sprödbruchneigung von Stählen durch Messung der Fließspannung, Reißspannung und Brucheinschnürung an dreiachsig beanspruchten Proben
1955, 58 Seiten, 26 Abb., DM 13,—

HEFT 163
Dipl.-Ing. W. Rohs und Text.-Ing. H. Griese, Bielefeld
Untersuchungsarbeiten zur Verbesserung des Leinenwebstuhls III
1955, 80 Seiten, 15 Abb., 18 Tabellen, DM 15,80

HEFT 164
Dr.-Ing. H. Schmachtenberg, Köln
Neuartige Prüfeinrichtungen für Kraftfahrzeuge
1955, 44 Seiten, 23 Abb., DM 9,60

HEFT 165
Dr.-Ing. W. Wilhelm, Aachen
Instationäre Gasströmung im Auspuffsystem eines Zweitaktmotors
1955, 62 Seiten, 31 Abb., 8 Tabellen, DM 13,60

HEFT 166
Prof. Dr. M. v. Stackelberg, Dr. H. Heindze, Dr. H. Hübschke und Dr. K. H. Frangen, Bonn
Kolloidchemische Untersuchungen
1955, 106 Seiten, 8 Abb., 13 Tabellen, DM 21,25

HEFT 167
Prof. Dr.-Ing. F. Schuster, Essen
I. Über die Heißkarburierung von Brenngasen mit Ölen und Teeren
II. Die Strahlungsvorgänge in brennstoffbeheizten Öfen bei verschiedenen Verbrennungsatmosphären
1955, 38 Seiten, 8 Abb., DM 8,30

HEFT 168
Prof. Dr.-Ing. F. Schuster, Essen
I. Luftvorwärmung an Gasfeuerungen
II. Heizwerthöhe von Brenngasen und Wirkungsgrad sowie Gasverbrauch bei der Gasverwendung
III. Sauerstoffangereicherte Luft und feuerungstechnische Kenngrößen von Brenngasen
1955, 60 Seiten, 18 Abb., DM 12,50

HEFT 169
Forschungsinstitut für Pigmente und Lacke, Stuttgart
Arbeiten über die Bestimmung des Gebrauchswertes von Lackfilmen durch physikalische Prüfungen
1955, 70 Seiten, 23 Abb., 4 Tabellen, DM 15,—

HEFT 170
Prof. Dr. F. Wever, Dr. A. Rose und Dipl.-Ing L. Rademacher, Düsseldorf
Anwendung der Umwandlungsschaubilder auf Fragen der Werkstoffauswahl beim Schweißen und Flammhärten
1955, 64 Seiten, 25 Abb., DM 13,70

HEFT 171
Wäschereiforschung Krefeld
Untersuchung der Wäscheentwässerung mit Hilfe von Zentrifugen und Pressen
1955, 42 Seiten, 16 Abb., 4 Tabellen, DM 9,70

HEFT 172
Dipl.-Ing. W. Rohs, Dr.-Ing. G. Satlow und Text.-Ing. G. Heller, Bielefeld
Trocknung von Hanfgarnen. Kreuzspultrocknung
1955, 60 Seiten, 7 Abb., 4 Tabellen, DM 10,30

HEFT 173
Prof. Dr. R. Hosemann und Dipl.-Phys. G. Schoknecht, Berlin, vorgelegt von Prof. Dr. W. Kast, Krefeld
Lichtoptische Herstellung und Diskussion der Faltungsquadrate parakristalliner Gitter
1956, 108 Seiten, 63 Abb., 6 Tabellen, DM 24,70

HEFT 174
Prof. Dr. W. von Fragstein, Dr. J. Meingast und H. Hoch, Köln
Herstellung von Solen einheitlicher Teilchengröße und Ermittlung ihrer optischen Eigenschaften
1955, 78 Seiten, 80 Abb., 4 Tabellen, DM 18,25

HEFT 175
Dr.-Ing. H. Zeller, Aachen
Beitrag zur eindimensionalen stationären und nichtstationären Gasströmung mit Reibung und Wärmeleitung, insbesondere in Rohren mit unstetigen Querschnittsänderungen.
1956, 138 Seiten, 56 Abb., DM 29,30

HEFT 176
Dipl.-Ing. H. Schöberl, Duisburg
Über die Methoden zur Ermittlung der Verbrennungstemperatur von Brennstoffen und ein Vorschlag zu ihrer Verbesserung
1955, 30 Seiten, 3 Abb., DM 6,50

HEFT 177
Dipl.-Ing. H. Stüdemann, Solingen, und Dr.-Ing. W. Müchler, Essen
Entwicklung eines Verfahrens zur zahlenmäßigen Bestimmung der Schneideigenschaften von Messerklingen
1956, 104 Seiten, 68 Abb., 4 Tabellen, DM 22,20

HEFT 178
Prof. Dr. M. von Stackelberg u. Dr. W. Hans, Bonn
Untersuchungen zur Ausarbeitung und Verbesserung von polarographischen Analysenmethoden
1955, 46 Seiten, 14 Abb., DM 10,50

HEFT 179
Dipl.-Ing. H. F. Reineke, Bochum
Entwicklungsarbeiten auf dem Gebiete der Meß- und Regeltechnik
1955, 46 Seiten, 10 Abb., DM 10,—

HEFT 180
Dr.-Ing. W. Piepenburg, Dipl.-Ing. B. Bühling und Bauing. J. Behnke, Köln
Putzarbeiten im Hochbau und Versuche mit aktiviertem Mörtel und mechanischem Mörtelauftrag
1955, 116 Seiten, 31 Abb., 68 Tabellen, DM 23,—

HEFT 181
Prof. Dr. W. Franz, Münster
Theorie der elektrischen Leitvorgänge in Halbleitern und isolierenden Festkörpern bei hohen elektrischen Feldern
1955, 28 Seiten, 2 Abb., 1 Tabelle, DM 6,20

HEFT 182
Dr.-Ing. P. Schenk u. Dr. K. Osterloh, Düsseldorf
Katalytisch-thermische Spaltung von gasförmigen und flüssigen Kohlenwasserstoffen zur Spitzengaserzeugung
1955, 50 Seiten, 11 Abb., 11 Tabellen, DM 10,90

HEFT 183
Dr. W. Bornheim, Köln
Entwicklungsarbeiten an Flaschen- und Ampullen-Behandlungsmaschinen für die pharmazeutische Industrie
1956, 48 Seiten, 24 Abb., DM 11,70

HEFT 184
Dr.-Ing. E. Printz, Kettwig
Vollhydraulische Parallel-Kupplung für Ackerschlepper
1955, 32 Seiten, 4 Abb., DM 7,80

HEFT 185
Dipl.-Ing. W. Rohs und Text.-Ing. G. Heller, Bielefeld
Studien an einem neuzeitlichen Kreuzspultrockner für Bastfasergarne mit Wiederbefeuchtungszone
1955, 52 Seiten, 9 Abb., 3 Tabellen, DM 10,70

HEFT 186
Dr. E. Wedekind, Krefeld
Untersuchungen zur Arbeitsbestgestaltung bei der Fertigstellung von Oberhemden in gewerblichen Wäschereien
1955, 124 Seiten, 28 Abb., 6 Tabellen, 2 Falttaf., DM 12,—

HEFT 187
Dipl.-Ing. F. Göttgens, Essen
Über die Eigenarten der Bimetall-, Thermo- und Flammenionisationssicherungsmethode in ihrer Anwendung auf Zündsicherungen
1955, 40 Seiten, 6 Abb., 4 Tabellen, DM 8,40

HEFT 188
W. Kinnebrock, Langenberg (Rhld.)
Der Einfluß des Austausches gleicher Gaskochbrenner bzw. Gaskochbrennerteile auf den Wirkungsgrad und insbesondere auf den CO-Gehalt der Verbrennungsgase
1955, 42 Seiten, 7 Tabellen, DM 8,70

HEFT 189
Fa. E. Leybold's Nachfolger, Köln
I. Ausgewählte Kapitel aus der Vakuumtechnik
II. Zum Verlust anorganisch-nichtflüchtiger Substanzen während der Gefriertrocknung
1955, 52 Seiten, 16 Abb., 3 Tabellen, DM 11,20

HEFT 190
Prof. Dr. A. Neuhaus, Prof. Dr. O. Schmitz-DuMont und Dipl.-Chem. H. Reckhard, Bonn
Zur Kenntnis der Alkalititanate
1955, 60 Seiten, 13 Abb., 1 Tabelle, DM 12,20

HEFT 191
Dr. H. Söhngen, Darmstadt
Schwingungsverhalten eines Schaufelkranzes im Vakuum
1955, 36 Seiten, 7 Abb., DM 7,80

HEFT 192
Dipl.-Phys. E. M. Schneider, München
Kohlebogenlampen für Aufnahme und Kopie
1955, 48 Seiten, 21 Abb., 3 Tabellen, DM 10,60

HEFT 193
Prof. Dr. O. Schmitz-DuMont, Bonn
Untersuchungen über neue Pigmentfarbstoffe
1956, 50 Seiten, 16 Abb., 8 Tabellen, DM 11,20

HEFT 194
Dr. K. Hecht, Köln
Entwicklung neuartiger physikalischer Unterrichtsgeräte
1955, 42 Seiten, 16 Abb., DM 9,90

HEFT 195
Dr.-Ing. E. Rößger, Köln
Gedanken über einen neuen deutschen Luftverkehr
1955, 342 Seiten, 29 Abb., 122 Tabellen, DM 50,—

HEFT 196
Dipl.-Ing. W. Rohs und Text.-Ing. H. Griese, Bielefeld
Auswirkungen von Garnfehlern bei der Verarbeitung von Leinengarnen
1955, 36 Seiten, 3 Abb., 6 Tabellen, DM 7,80

HEFT 197
Dr. E. Wedekind, Krefeld
Untersuchungen zur Bestimmung der optimalen Arbeitsplatzgröße bei Mehrstuhlarbeit in der Weberei
1955, 92 Seiten, 34 Abb., DM 18,50

HEFT 198
Prof. Dr. J. Weissinger, Karlsruhe
Zur Aerodynamik des Ringflügels. Die Druckverteilung dünner, fast drehsymmetrischer Flügel in Unterschallströmung
1955, 42 Seiten, 5 Abb., DM 9,—

HEFT 199
Textilforschungsanstalt Krefeld
Die Messung von Gewebetemperaturen mittels Temperaturstrahlung
1955, 50 Seiten, 12 Abb., DM 10,90

HEFT 200
R. Seipenbusch, Langenberg (Rhld.)
Spitzengas durch Zusatz von Flüssiggas-Wassergas- und Flüssiggas-Generatorgas-Gemischen zu Stadtgas
1955, 48 Seiten, 21 Tabellen, DM 10,35

HEFT 201
Dr.-Ing. E. W. Pleines, Frankfurt/Main
Die Sicherheit im Luftverkehr
1955, 194 Seiten, 39 Abb., 19 Tabellen, DM 39,50

HEFT 202
Dipl.-Ing. D. Fiecke, Stuttgart/Zuffenhausen
Die Bestimmung der Flugzeugpolaren für Entwurfszwecke. I Teil: Unterlagen
1956, 216 Seiten, 171 Diagr., DM 59,70

HEFT 203
Dr. G. Wandel, Bonn
Uferbewachsung und Lebendverbauung an den Nordwestdeutschen Kanälen und ihren Zuflüssen sowie an der Ruhr
1956, 122 Seiten, 88 Abb., DM 25,70

HEFT 204
Dipl.-Ing. B. Naendorf, Langenberg (Rhld.)
Bestimmung der Brenneigenschaften und des Brennverhaltens verschiedener Gasarten und Einfluß verschiedener Düsengestaltung
1955, 32 Seiten, DM 7,10

HEFT 205
Dr. C. Schaarwächter, Düsseldorf
Über plastische Kupfer-Eisen-Phosphor-Legierungen
1936, 36 Seiten, 10 Abb., 10 Tabellen, DM 8,30

HEFT 206
Dr. P. Hölemann, Ing. R. Hasselmann und Ing. G. Dix, Dortmund
Untersuchungen über die Vorgänge bei der Zersetzung von in Azeton gelöstem Azetylen
1956, 74 Seiten, 7 Abb., 7 Tabellen, DM 15,55

HEFT 207
Prof. Dr.-Ing. H. Opitz, Dipl.-Ing. K. H. Fröhlich und Dipl.-Ing. H. Siebel, Aachen
Richtwerte für das Fräsen von unlegierten und legierten Baustählen mit Hartmetall. I. Teil
1956, 48 Seiten, 27 Abb., 3 Tabellen, DM 11,10

HEFT 208
Prof. Dr.-Ing. H. Müller, Essen
Untersuchung von Elektrowärmegeräten für Laienbedienung hinsichtlich Sicherheit und Gebrauchsfähigkeit. I. Untersuchungen an Kochplatten
1956, 100 Seiten, 76 Abb., 7 Tabellen, DM 22,70

HEFT 209
Dr. K. Bunge, Leverkusen
Materialabbau in Funkenentladungen. Untersuchungen an Zinkkathoden
1956, 54 Seiten, 10 Abb., 5 Tabellen, DM 11,40

HEFT 210
Dr. W. Porschen und Prof. Dr. W. Riezler, Bonn
Langlebige Alphaaktivitäten bei natürlichen Elementen
1955, 40 Seiten, 5 Abb., 4 Tabellen, DM 8,80

HEFT 211
Prof. Dipl.-Ing. W. Sturtzel und Dr.-Ing. W. Graff, Duisburg
Die Versuchsanstalt für Binnenschiffbau, Duisburg
1956, 48 Seiten, 22 Abb., 11,—

HEFT 212
Dipl.-Ing. H. Spodig, Selm
Untersuchung zur Anwendung der Dauermagnete in der Technik
1955, 44 Seiten, 25 Abb., DM 9,80

HEFT 213
Dipl.-Ing. K. F. Rittinghaus, Aachen
Zusammenstellung eines Meßwagens für Bau- und Raumakustik
in Vorbereitung

HEFT 214
Dr.-Ing. J. Endres, München
Berechnung der optimalen Leistungen, Kraftstoffverbräuche und Wirkungsgrade von Einkreis-Turbolader-Strahltriebwerken am Boden und in der Höhe bei Fluggeschwindigkeiten von 0—2000 km/h
1956, 72 Seiten, 18 Abb., 8 Tabellen, DM 15,40

HEFT 215
Prof. Dr.-Ing. H. Opitz und Dr.-Ing. G. Weber, Aachen
Einfluß der Wärmebehandlung von Baustählen auf Spanentstehung, Schnittkraft- und Standzeitverhalten
1956, 80 Seiten, 30 Abb., 10 Tabellen, DM 18,40

HEFT 216
Dr. E. Kloth, Köln
Untersuchungen über die Ausbreitung kurzer Schallimpulse bei der Materialprüfung mit Ultraschall
1956, 90 Seiten, 60 Abb., 4 Tabellen, DM 19,40

HEFT 217
Rationalisierungskuratorium der Deutschen Wirtschaft (RKW), Frankfurt/Main
Typenvielzahl bei Haushaltgeräten und Möglichkeiten einer Beschränkung
1956, 328 Seiten, 2 Abb., 181 Tabellen, DM 49,20

HEFT 218
Dr. F. Keune, Aachen
Bericht über eine Theorie der Strömung um Rotationskörper ohne Anstellung bei Machzahl Eins
1955, 40 Seiten, 8 Abb., 5 Formelblätter, DM 8,80

WESTDEUTSCHER VERLAG · KÖLN UND OPLADEN

HEFT 219
Prof. Dr. W. Fuchs, Aachen
Untersuchungen zur Holzabfallverwertung und zur Chemie des Lignins
1955, 54 Seiten, 11 Abb., 15 Tabellen DM 11,40

HEFT 220
Prof. Dr. W. Fuchs, Aachen
Die Entwicklung neuer Regel- und Kontroll-Apparate zur coulometrischen Analyse
1956, 76 Seiten, 17 Abb. 23 Tabellen, DM 15,50

HEFT 221
Dr. W. Meyer-Eppler, Bonn
Experimentelle Untersuchungen zum Mechanismus von Stimme und Gehör in der lautsprachlichen Kommunikation *1955, 56 Seiten, 24 Abb., DM 13,45*

HEFT 222
Dr. L. Köllner, Münster, und Dipl.-Volkswirt M. Kaiser, Bochum
Die internationale Wettbewerbsfähigkeit der westdeutschen Wollindustrie *1956, 214 Seiten, DM 39,50*

HEFT 223
Dr.-Ing. K. Alberti und Dr. F. Schwarz, Köln
Über das Problem Hartbrand-Weichbrand
1956, 54 Seiten, 25 Abb., 14 Tabellen, DM 12,10

HEFT 224
Dipl.-Ing. H. Studemann und Ing. R. Beu, Solingen
Verfahren zur Prüfung der Korrosionsbeständigkeit von Messerklingen aus rostfreiem Stahl
1956, 82 Seiten, 28 Abb., DM 16,90

HEFT 225
Dr.-Ing. E. Barz, Remscheid
Der Spannungszustand von Gattersägeblättern
1956, 74 Seiten, 54 Abb., DM 16,50

HEFT 226
Technisch-wissenschaftliches Büro für die Bastfaserindustrie, Bielefeld
Untersuchungen zur Verbesserung des Leinenwebstuhles IV
Die Wirkung verschiedener Kettbaumbremsen auf die Verwebung von Leinengarnen
1956, 64 Seiten, 9 Abb., 4 Tabellen, DM 13,50

HEFT 227
Prof. Dr. F. Wever, Düsseldorf und Dr. W. Wepner, Köln
Untersuchung der Alterungsneigung von weichen unlegierten Stählen durch Härteprüfung bei Temperaturen bis 300 Grad C
1956, 34 Seiten, 20 Abb., 3 Tabellen, DM 7,95

HEFT 228
Prof. Dr. F. Wever, Dr. W. Koch, Düsseldorf, und Dr. B. A. Steinkopf, Dortmund
Spektrochemische Grundlagen der Analyse von Gemischen aus Kohlenmonoxyd, Wasserstoff und Stickstoff *1956, 42 Seiten, 18 Abb., 1 Tabelle, DM 9,90*

HEFT 229
Prof. Dr. F. Wever, Dr. W. Koch und Dr.-Ing. H. Malissa, Düsseldorf
Über die Anwendung disubstituierter Dithiocarbamate der analytischen Chemie
1956, 44 Seiten, 30 Abb., 5 Tabellen, DM 10,50

HEFT 230
Prof. Dr. F. Wever, Düsseldorf, und Dr. W. Wepner, Köln
Bestimmung kleiner Kohlenstoffgehalte im Alpha-Eisen durch Dämpfungsmessung
1956, 34 Seiten, 5 Abb., 2 Tabellen, DM 7,70

HEFT 231
Dr.-Ing. W. Kuch, Dortmund
Über die Wechselwirkung zwischen Holzschutzbehandlung und Verleimung
1956, 48 Seiten, 10 Abb., 8 Tabellen, DM 10,40

HEFT 232
Prof. Dr.-Ing. O. Kienzle, Hannover, und Dr.-Ing. H. Minnich, Schweinfurt
Feststellung der Spannungen und Dehnungen und Bruchdrehzahlen der unter Fliehkraft und Bearbeitungskraft beanspruchten Schleifkörper
in Vorbereitung

HEFT 233
Dr. H. Haase, Hamburg
Infrarot-Bibliographie *1956, 90 Seiten, DM 17,80*

HEFT 234
Dr.-Ing. K. G. Speith und Dr.-Ing. A. Bungeroth, Duisburg
Versuche zur Steigerung des Kokillen-Schluckvermögens beim Stranggießen von Stahl
1956, 26 Seiten, 5 Abb., DM 6,15

HEFT 235
Prof. Dr.-Ing. K. Leist und Dipl.-Ing. W. Dettmering, Aachen
Turbinenschaufeln aus Kunststoff für Kaltluftversuchsanlagen
1956, 46 Seiten, 43 Abb., 3 Tabellen, DM 12,30

HEFT 236
Dr.-Ing. O. Viertel und S. Lucas, Krefeld
Ergebnisse einer Hausfrauenbefragung über Wascheinrichtungen und Waschmethoden in städtischen Haushaltungen
1956, 34 Seiten, 4 Abb., DM 7,60

HEFT 237
Dr. P. Endler und Dr. H. Ludes, Köln
Bericht über eine Studienreise zur Orientierung der heutigen Behandlung der Lungentuberkulose in den Vereinigten Staaten von Nordamerika
1956, 32 Seiten, DM 7,10

HEFT 238
Institut für textile Meßtechnik, M.-Gladbach, e. V.
Untersuchungen an den Streckwerken verschiedener Spinnereimaschinen. 3. Bericht: Theoretische Betrachtungen über den Einfluß schlagender Zylinder und Druckrollen
1956, 66 Seiten, 21 Abb., DM 14,10

HEFT 239
Prof. Dr.-Ing. K. Leist, Dipl.-Ing. H. Scheele, Aachen, und Dipl.-Ing. F. H. Flottmann, Herne
Versuche an einem neuartigen luftgekühlten Hochleistungs-Kolbenkompressor
1956, 72 Seiten, 19 Abb., 7 Tabellen, DM 14,40

HEFT 240
Prof. Dr.-Ing. K. Leist und Dipl.-Ing. H. Scheele, Aachen
Temperaturmessungen an einem einstufigen luftgekühlten 4-Zylinder-Kolbenkompressor mit Kühlgebläse *1956, 74 Seiten, 36 Abb., DM 14,80*

HEFT 241
Prof. Dr.-Ing. K. Leist und Dipl.-Ing. M. Pötke, Aachen
Leistungsversuche an einem Kuhlluftgebläse
1956, 60 Seiten, 13 Abb., DM 11,70

HEFT 242
Prof. Dr.-Ing. K. Leist und Dipl.-Ing. K. Graf, Aachen
Straßenfahrzeuge mit Gasturbinenantrieb
1956, 82 Seiten, 63 Abb., DM 17,20

HEFT 243
Prof. Dr.-Ing. K. Leist und Dipl.-Ing. S. Förster, Aachen
Die französische Kleingasturbine Artouste — 1. Teil
1956, 80 Seiten, 41 Abb., DM 15,85

HEFT 244
Prof. Dr. F. Wever, Dr. W. Koch und Dr. S. Eckhard, Düsseldorf
Erfahrungen mit der spektrochemischen Analyse von Gefügebestandteilen des Stahles
1956, 32 Seiten, 8 Abb., 2 Tabellen, DM 7,80

HEFT 245
Prof. Dr.-Ing. habil. K. Krekeler, Aachen
Das Verbinden von Metallen durch Kunstharzkleber. Teil I: Eigenschaften und Verwendung der Metallklebstoffe *1956, 48 Seiten, 8 Abb., DM 10,25*

HEFT 246
Prof. Dr.-Ing. habil. K. Krekeler, Aachen
Das Verbinden von Metallen durch Kunstharzkleber. Teil II: Untersuchungen an geklebten Leichtmetall-Verbindungen *1956, 80 Seiten, 40 Abb., DM 17,50*

HEFT 247
Dr. H. Söhngen, Darmstadt
Strömung vor einem Überschall-Laufrad
1956, 26 Seiten, 4 Abb., DM 7,60

HEFT 248
Rheinische Aktiengesellschaft für Braunkohlenbergbau und Brikettfabrikation, Köln
Untersuchung der Bindemitteleigenschaften von Braunkohlenfilteraschen
1956, 176 Seiten, 26 Abb., 30 Tabellen, DM 35,60

HEFT 249
Dr. M.-E. Meffert, Essen
Weitere Kulturversuche Scenedesmus obliquus
1956, 36 Seiten, 5 Abb., 10 Tabellen, DM 8,—

HEFT 250
Dr. F. Schwarz und Dr.-Ing. K. Alberti, Köln
Entwicklung von Untersuchungsverfahren zur Gütebeurteilung von Industriekalken
1956, 36 Seiten, 9 Abb., DM 16,50

HEFT 251
Prof. Dr. H. Bittel, Münster
Zur Statistik der ferromagnetischen Elementarvorgänge und ihren Einfluß auf das Barkhausenrauschen
1956, 52 Seiten, 14 Abb., DM 11,65

HEFT 252
Dipl.-Ing. H. Frings, Geilenkirchen
Die Wirkung abfallender Wetterführung auf Wettertemperatur, Grubengasgehalt und Staubbildung
1957, 126 Seiten, 23 Abb., 13 Falttafeln, 38 Tab., DM 35,70

HEFT 253
Dipl.-Ing. S. Schirmanski, Berghausen
Stand und Auswertung der Forschungsarbeiten über Temperatur- und Feuchtigkeitsgrenzen bei der bergmännischen Arbeit
1957, 80 Seiten, 24 Abb., 12 Tab., DM 17,10

HEFT 254
Prof. Dr. R. Danneel, Bonn
Quantitative Untersuchungen über die Entwicklung des Ehrlich-Ascitestumors bei Inzuchtmäusen
1956, 52 Seiten, 17 Abb., DM 11,75

HEFT 255
Ing. B. v. Schlippe, Bad Nauheim
Strömung von Flüssigkeiten mit temperaturabhängiger Zähigkeit (Kühlung von Öfen)
1956, 54 Seiten, 12 Abb., 4 Tabellen, DM 11,70

HEFT 256
Prof. Dr. C. Schmieden und Dipl.-Math. K. H. Müller, Darmstadt
Die Strömung einer Quellstrecke im Halbraum — eine strenge Lösung der Navier-Stokes-Gleichungen
1956, 40 Seiten, 9 Abb., DM 8,80

HEFT 257
Prof. Dr. G. Lehmann und Dr. J. Tamm, Dortmund
Die Beeinflussung vegetativer Funktionen des Menschen durch Geräusche
1956, 48 Seiten, 25 Abb., 3 Tabellen, DM 11,20

HEFT 258
Dr. H. Paul, Linz (Rhein), und Prof. Dr. O. Graf, Dortmund
Zur Frage der Unfälle im Bergbau
1956, 52 Seiten, 9 Abb., 22 Tabellen, DM 11,20

HEFT 259
Prof. D. W. Linke, Aachen
Strömungsvorgänge in künstlich belüfteten Räumen
1956, 52 Seiten, 37 Abb., 1 Tabelle, DM 11,80

HEFT 260
Prof. Dr. W. Kast, Freiburg (Br.), Prof. Dr. A. H. Stuart und Dipl.-Phys. H. G. Fendler, Hannover
Lichtzerstreuungsmessungen an Lösungen hochpolymerer Stoffe
1956, 70 Seiten, 25 Abb., 5 Tabellen, DM 15,60

HEFT 261
Prof. Dr. W. Kast, Freiburg (Br.)
Feinstruktur-Untersuchungen an künstlichen Zellulosefasern verschiedener Herstellungsverfahren. Teil II: Der Kristallisationszustand
1956, 80 Seiten, 27 Abb., 11 Tabellen, DM 17,20

HEFT 262
Dr.-Ing. W. Batel, Aachen
Untersuchungen zur Absiebung feuchter, feinkörniger Haufwerke und Schwingsieben
1956, 100 Seiten, 45 Abb., 5 Tabellen, DM 23,40

HEFT 263
Prof. Dr. H. Lange und Dipl.-Phys. R. Kohlhaas, Köln
Über die Wärmeleitfähigkeit von Stählen bei hohen Temperaturen: Teil I: Literaturbericht
1956, 48 Seiten, 26 Abb., 8 Tabellen, DM 10,70

HEFT 264
Prof. Dr. W. Weizel, Bonn
Durch schnelle Funkenzusammenbrüche ausgelöste Signale auf einer Leitung
1956, 26 Seiten, 4 Abb., 3 Tabellen, DM 6,10

HEFT 265
Prof. Dr. F. Micheel und Dr. R. Engel, Münster
Eine Apparatur zur elektrophoretischen Trennung von Stoffgemischen
1956, 38 Seiten, 21 Abb., DM 9,20

HEFT 266
Fliesen-Beratungsstelle Bad Godesberg-Mehlem
Güteeigenschaften keramischer Wand- und Bodenfliesen und deren Prüfmethoden
1956, 32 Seiten, DM 7,10

HEFT 267
Prof. Dr. W. Weizel und B. Brandt, Bonn
Zur Stabilität stromstarker Glimmentladungen
1956, 36 Seiten, 7 Abb., DM 8,40

HEFT 268
Prof. Dr.-Ing. G. Vogelpohl, Göttingen
Über die Tragfähigkeit von Gleitlagern und ihre Berechnung
1956, 76 Seiten, 24 Abb., 7 Tabellen, DM 16,85

HEFT 269
Markscheider R. Bals, Bochum
Eignung des Gebirgsankerausbaus zur Erleichterung des Streckenvortriebs im Steinkohlenbergbau
1956, 84 Seiten, 41 Abb., DM 18,75

HEFT 270
Dr. H. Krebs und Mitarbeiter, Bonn
Die Trennung von Racematen auf chromatographischem Wege
1956, 62 Seiten, 18 Tabellen, DM 12,95

HEFT 271
Prof. Dr.-Ing. H. Opitz und Dipl.-Ing. H. Axer, Aachen
Beeinflussung des Verschleißverhaltens bei spanenden Werkzeugen durch flüssige und gasförmige Kühlmittel und elektrische Maßnahmen
1956, 46 Seiten, 28 Abb., DM 10,70

HEFT 272
Prof. Dr. W. Fuchs und Dr. H. Dresia, Aachen
Untersuchungen über die Schnellverbrennung und Schnellvergasung fester Brennstoffe
1956, 56 Seiten, 14 Abb., 3 Tabellen, DM 11,90

HEFT 273
Fa. K. W. Tacke G.m.b.H., Wuppertal-Barmen
Erfahrungen beim Verspinnen von Perlonfasern und bei der Herstellung von Trikotagen aus gesponnenem Perlon
1956, 36 Seiten, DM 7,90

HEFT 274
Prof. Dr.-Ing. K. Krekeler, Aachen
Qualitative Untersuchungen bei Verbindungsschweißungen mittels Lichtbogenschweißautomaten unter Verwendung von Blankdraht und Zugabe von ferromagnetischem Pulver als Umhüllung
1956, 68 Seiten, 40 Abb., 8 Tabellen, DM 15,45

HEFT 275
Prof. Dr.-Ing. habil. K. Krekeler, Aachen, und Dipl.-Ing. H. Verhoeven, Aachen
Quantitative Untersuchungen von Punktschweißverbindungen an Tiefzieh- und Aluminiumblechen, die nach dem Argonarc-Punktschweißverfahren hergestellt werden
1956, 64 Seiten, 45 Abb., DM 14,60

HEFT 276
Fa. E. Haage, Mülheim (Ruhr)
Entwicklungsarbeiten im Apparatebau für Laboratorien
1956, 48 Seiten, 18 Abb., DM 10,50

HEFT 277
Dr.-Ing. W. Muchler, Essen
Untersuchung und zahlenmäßige Bestimmung der Schneideigenschaften bei Messern mit besonderer Berücksichtigung rostfreier Messerstähle
1956, 60 Seiten, 27 Abb., 5 Tabellen, DM 13,20

HEFT 278
Dipl.-Ing. J. Stelter und Dipl.-Ing. H. Kickert, Aachen
I. Sichtbarmachung von Ultraschallfeldern unter Verwendung photographischer Emulsionsschichten
II. Methode zur Bestimmung der wirklichen Temperaturverhältnisse in Flüssigkeiten während der Beschallung (Nach einer Diplom-Arbeit von H. Schnitzler)
1956, 54 Seiten, 24 Abb., DM 12,75

HEFT 279
Dr. F. Keune, Aachen
Der gewölbte und verwundene Tragflügel ohne Dicke in Schallnähe
1956, 42 Seiten, 15 Abb., DM 9,25

HEFT 280
Dipl.-Ing. J. Stelter und Dipl.-Ing. E. Pfende, Aachen
Über Störerscheinungen bei Schallgeschwindigkeitsmessungen mittels der Interferometermethode
1956, 42 Seiten, 13 Abb., DM 9,60

HEFT 281
Prof. Dr.-Ing. K. Lürenbaum, Aachen
Der Meßwagen des Instituts für Maschinen-Dynamik der Deutschen Versuchsanstalt für Luftfahrt, Aachen
1956, 34 Seiten, 17 Abb., DM 8,60

HEFT 282
Bergrat a. D. Scherer, Bochum
Das B. T.-Schwelverfahren und seine Anwendung auf der Anlage Marienau
1956, 44 Seiten, 7 Abb., DM 9,60

HEFT 283
Prof. Dr. F. Wever und Dr.-Ing. W. Lueg, Düsseldorf
Warmstauchversuche zur Ermittlung der Formänderungsfestigkeit von Gesenkschmiede-Stählen
1956, 44 Seiten, 19 Abb., DM 9,90

Heft 284
Prof. Dr. F. Wever, Düsseldorf, Dr.-Ing. H. J. Wiester, Essen, Dr.-Ing. F. W. Straßburg, Duisburg, Prof. Dr.-Ing. H. Opitz, Aachen, und Dr.-Ing. K. H. Fröhlich, Köln
Einfluß des Gefüges auf die Zerspanbarkeit von Einsatz- und Vergütungsstahlen
1957, 88 Seiten, 126 Abb., 11 Tab., DM 22,45

HEFT 285
Prof. Dr.-Ing. O. Kienzle, Dr.-Ing. K. Lange, Hannover, und Dipl.-Ing. H. Meinert, Osterode
Einfluß der Oberfläche auf das Verschleißverhalten von Schmiedegesenken
1956, 62 Seiten, 29 Abb., 8 Tabellen, DM 14,60

HEFT 286
Dr.-Ing. K. Lange, Hannover, Dipl.-Ing. H. Meinert, Osterode, unter Mitarbeit von Dr.-Ing. H. Arend, Mülheim (Ruhr)
Verschleißverhalten hartverchromter Schmiedegesenke
1956, 74 Seiten, 53 Abb., 6 Tabellen, DM 17,65

HEFT 287
Prof. Dr.-Ing. habil. K. Krekeler, Aachen
Änderungen der mechanischen Eigenschaftswerte thermoplastischer Kunststoffe bei Beanspruchung in verschiedenen Medien
1956, 62 Seiten, 23 Abb., 5 Tabellen, DM 13,70

HEFT 288
Dr. K. Brucker-Steinkuhl, Düsseldorf
Anwendung mathematisch-statistischer Verfahren in der Industrie
1956, 103 Seiten, 27 Abb., 14 Tabellen, DM 24,20

HEFT 289
Prof. Dr.-Ing. H. Winterhager, Aachen
Kombinierter Widerstands- und Lichtbogen-Vakuumofen zur Verarbeitung von Titanschwamm
Prof. Dr. Dr. h. c. R. Schwarz, Aachen
Erforschung neuer Wege zur Darstellung von Titanmetall
1957, 42 Seiten, 18 Abb., DM 9,70

HEFT 290
Dr. D. Horstmann, Düsseldorf
I. Der verstärkte Angriff des Zinks auf Eisen im Temperaturgebiet um 500° C
II. Einfluß eines Antimongehaltes auf den Angriff von Zinkschmelzen auf Eisen
1956, 48 Seiten, 33 Abb., 3 Tabellen, DM 11,90

HEFT 291
Dr.-Ing. H. J. Wiester und Dr. D. Horstmann, Düsseldorf
Der Angriff eisengesättigter Zinkschmelzen auf silizium- und manganhaltiges Eisen
1956, 52 Seiten, 45 Abb., 8 Tabellen, DM 12,60

HEFT 292
Dipl.-Ing. W. Rohs und Text.-Ing. H. Griese, Bielefeld
Webversuche an Leinenwebstuhlen mit verbesserter Schaftbewegung
1956, 34 Seiten, 3 Abb., 2 Tabellen, DM 7,60

HEFT 293
Prof. J. W. Korte, unter Mitarbeit von Dipl.-Ing. P. A. Macke und Dipl.-Ing. W. Leutzbach, Aachen
Die Leistungsfähigkeit von Verkehrsanlagen des motorisierten städtischen Straßenverkehrs
1956, 98 Seiten, 35 Abb., 5 Tabellen, 1 Falttafel, DM 22,50

HEFT 294
Dipl.-Ing. B. Naendorf, Essen
Untersuchungen industrieller Gasbrenner
1956, 58 Seiten, 6 Abb., 3 Tabellen, DM 12,40

HEFT 295
Prof. Dr.-Ing. H. Opitz und Dipl.-Ing. H. Axer, Aachen
Untersuchung und Weiterentwicklung neuartiger elektrischer Bearbeitungsverfahren
1956, 42 Seiten, 27 Abb., DM 10,30

HEFT 296
Prof. Dr.-Ing. H. Opitz, Aachen
I. Untersuchungen an elektronischen Regelantrieben
II. Statische Untersuchungen zur Ausnutzung von Drehbänken
1956, 46 Seiten, 18 Abb., DM 10,40

HEFT 297
Dr. K. Schaarwächter, Düsseldorf
Die Reduktion von Siliziumtetrachlorid im Lichtbogen zur nachfolgenden Silizierung von Eisenblechen
in Vorbereitung

HEFT 298
Prof. Dr.-Ing. E. Oehler, Aachen
Untersuchung von kritischen Drehzahlen, die durch Kreiselmomente verursacht werden
1956, 50 Seiten, 35 Abb., DM 13,15

HEFT 299
Dr. J. Fassbender und W. Hoppe, Bonn
Eine photoelektrische Nachlaufeinrichtung für Analogie-Rechenmaschinen
1956, 20 Seiten, 8 Abb., DM 7,65

HEFT 300
Prof. Dr. E. Schütz und Privatdozent Dr. H. Caspers, Münster
Tierexperimentelle Untersuchungen über die Alkoholwirkungen auf Erregbarkeit und bioelektrische Spontanaktivität der Hirnrinde
1956, 44 Seiten, 6 Abb., 1 Tabelle, DM 9,55

HEFT 301
Prof. Dr. W. Weltzien, Dr. G. Cossmann und P. Diehl, Krefeld
Über die fraktionierte Fällung von Polyamiden (II)
1956, 54 Seiten, 1 Abb., 16 Tabellen, DM 11,30

HEFT 302
Prof. Dr.-Ing. W. Wegener und Dipl.-Ing. W. Zahn, Aachen
Untersuchungen von gesponnenen Garnen auf ihre Gleichmäßigkeit nach verschiedenen Meßmethoden
1957, 58 Seiten, 34 Abb., DM 15,20

HEFT 303
Prof. Dr. Ing. S. Kiesskalt, Aachen
Das Institut der Forschungsgesellschaft Verfahrenstechnik e. V. an der Technischen Hochschule Aachen
1956, 76 Seiten, 20 Abb., 3 Tabellen, DM 16,40

HEFT 304
Prof. Dr.-Ing. K. Krekeler, Düsseldorf, und Dipl.-Ing. A. Kleine-Albers, Aachen
Beitrag zur thermoelastischen Warmformbarkeit von Hart-PVC
1957, 72 Seiten, 29 Abb., DM 17,70

HEFT 305
Prof. Dr.-Ing. K. Krekeler, Düsseldorf, Dr.-Ing. H. Peukert, Aachen, und Dipl.-Ing. W. Schmitz, Siegburg
Heißgas-Schweißung von Hart-Polyvinylchlorid mit Zusatzwerkstoff
1956, 44 Seiten, 27 Abb., 5 Tabellen, DM 12,50

HEFT 306
Prof. Dr. B. Rensch, Münster
Elektrophysiologische Untersuchungen zur Analysierung der Bildung von Assoziationen und Gedächtnisspuren in Gehirn und Rückenmark
Prof. Dr. A. Loeser, Münster
Akute und chronische Giftwirkungen sauerstoffhaltiger Lösungsmittel
1956, 36 Seiten, 9 Abb., DM 8,90

HEFT 307
Privatdozent Dr. J. Juilfs, Krefeld
Vergleichende Untersuchungen zur elastischen und bleibenden Dehnung von Fasern
1956, 36 Seiten, 11 Abb., DM 8,30

HEFT 308
Privatdozent Dr. J. Juilfs, Krefeld
Zur Messung der Fadenglätte
1956, 22 Seiten, 10 Abb., 2 Tabellen, DM 8,—

HEFT 309
Prof. Dr. K. Cruse und Mitarbeiter, Clausthal-Zellerfeld
Aufbau und Arbeitsweise eines universell verwendbaren Hochfrequenz-Titrationsgerätes
1957, 48 Seiten, 29 Abb., DM 11,90

HEFT 310
Dr. P. F. Müller, Bonn
Die Integrieranlage des Rheinisch-Westfälischen Instituts für Instrumentelle Mathematik in Bonn
1956, 62 Seiten, 6 Abb., 30 Satzskizzen, DM 14,45

HEFT 311
Prof. Dr. F. Wever und Dr. M. Hempel, Düsseldorf
Dauerschwingfestigkeit von Stählen bei erhöhten Temperaturen
Teil I: Erkenntnisse aus bisherigen Dauerschwingversuchen in der Wärme
1956, 48 Seiten, 19 Abb., 2 Tabellen, DM 10,90

HEFT 312
Prof. Dr. F. Wever und Dr. M. Hempel, Düsseldorf
Dauerschwingfestigkeit von Stählen bei erhöhten Temperaturen
Teil II: Zug-Druck-Dauerschwingversuche an zwei warmfesten Stählen bei Temperaturen von 500 bis 650°
1956, 48 Seiten, 20 Abb., 3 Tabellen, DM 11,80

WESTDEUTSCHER VERLAG · KÖLN UND OPLADEN

HEFT 313
*Prof. Dr. F. Wever, Dr. W. Koch und
Dipl.-Phys. H. Rohde, Düsseldorf*
Änderungen des Habitus und der Gitterkonstanten des Zementits in Chromstählen bei verschiedenen Wärmebehandlungen
1956, 88 Seiten, 29 Abb., 8 Tabellen, DM 20,90

HEFT 314
*Prof. Dr. F. Wever, Dr.-Ing. A. Krisch, Düsseldorf,
und Dr.-Ing. H.-J. Wiester, Essen*
Veränderungen im Gefügeaufbau von Chrom-Nickel-Molybdän-Stählen bei langzeitiger Beanspruchung im Zeitstandversuch bei 500°
1956, 48 Seiten, 26 Abb., 5 Tabellen, DM 11,70

HEFT 315
Prof. Dr. F. Wever und Dr.-Ing. A. Krisch, Düsseldorf
Metallkundliche Untersuchungen an Zeitstandproben
1956, 38 Seiten, 12 Abb., DM 9,15

HEFT 316
Dr. F. Keune, Aachen
Zusammenfassende Darstellung und Erweiterung des Aequivalenzsatzes für schallnahe Strömung
1956, 80 Seiten, 22 Abb., DM 17,90

HEFT 317
Dr.-Ing. J. Stelter, Aachen
Mikrobiologische Ultraschallwirkungen
1957, 106 Seiten, 41 Abb., 12 Tab., DM 23,90

HEFT 318
Dipl.-Ing. H. Kickert, Aachen
Über die Ausbreitung von Ultraschall in Luft
in Vorbereitung

HEFT 319
Prof. Dr. C. Kröger, Aachen
Gemengereaktionen und Glasschmelze
1957, 118 Seiten, 53 Abb., 16 Tab., DM 26,—

HEFT 320
Dr. H.-E. Caspary, Köln
Verwendung von Szintillationszählern an Stelle von Zählrohren zur zerstörungsfreien Materialprüfung
1956, 42 Seiten, 13 Abb., 2 Tabellen, DM 10,10

HEFT 321
*Prof. Dr. F. Wever, Düsseldorf, und
Dr. W. Wepner, Köln*
Gleichzeitige Bestimmung kleiner Kohlenstoff- und Stickstoffgehalte im α-Eisen durch Dämpfungsmessung
1956, 30 Seiten, 3 Abb., 4 Tabellen, DM 6,80

HEFT 322
*Prof. Dr.-Ing. F. Bollenrath und
Dipl.-Ing. W. Domke, Aachen*
Eigenspannungen in vergüteten, dickwandigen Stahlzylindern nach Oberflächenhärtung mit induktiver Erwärmung
1956, 30 Seiten, 9 Abb., 2 Tabellen, DM 6,90

HEFT 323
Prof. Dr. R. Seyffert, Köln
Wege und Kosten der Distribution der Textilien, Schuh- und Lederwaren
1956, 98 Seiten, 37 Tabellen, 1 Falttaf., DM 12,—

HEFT 324
*Prof. Dr.-Ing. H. Opitz, Dr.-Ing. E. Saljé und
Dipl.-Ing. K. E. Schwartz, Aachen*
Richtwerte für das Außenrund-Längs- und Einstechschleifen
1956, 62 Seiten, 44 Abb., 2 Tabellen, DM 13,85

HEFT 325
Prof. Dr. E. Schratz, Münster
Pharmakognostische Untersuchungen am Medizinal-Rhabarber
in Vorbereitung

HEFT 326
Prof. Dr.-Ing. E. Essers und Mitarbeiter, Aachen
Deichselkräfte an Lastzugen
in Vorbereitung

HEFT 327
*Prof. Dr.-Ing. habil. K. Krekeler und
Dr.-Ing. H. Peukert, Aachen*
Beitrag zur thermoelastischen Formbarkeit von Polyäthylen
1956, 56 Seiten, 49 Abb., 9 Tabellen, DM 12,80

HEFT 328
Dr. H. Maeder, Belo Horizonte
Schweißen von Temperguß
in Vorbereitung

HEFT 329
*Dipl.-Ing. A. Krüger, Karlsruhe, und Feuerwehr-Ing.
R. Radusch, Dortmund*
Wasserzerstäubung im Strahlrohr
1956, 86 Seiten, 21 Abb., 3 Tabellen, DM 18,65

HEFT 330
Dipl.-Physiker E. Pepping, Aachen
Die Durchflußzahl des Rechteckschlitzes in einer sehr großen Wand
1957, 54 Seiten, 21 Abb., DM 12,35

HEFT 331
Dipl.-Ing. G. Bretschneider, Ruit
Die Messung der wiederkehrenden Spannung mit Hilfe des Netzmodelles
1957, 46 Seiten, 21 Abb., 2 Tab., DM 11,20

HEFT 332
Prof. Dr.-Ing. R. Jaeckel und Dr. G. Reich, Bonn
Messung von Dampfdrucken im Gebiet unter 10^{-2} Torr
1956, 42 Seiten, 16 Abb., 2 Tabellen, DM 10,40

HEFT 333
*Prof. Dipl.-Ing. W. Sturtzel und
Dr.-Ing. W. Graff, Duisburg*
I. Der Flachwassereinfluß auf den Form- und Reibungswiderstand von Binnenschiffen
II. Der Flachwassereinfluß auf die Nachstrom- und Sogverhältnisse bei Binnenschiffen
1956, 44 Seiten, 14 Abb., DM 9,80

HEFT 334
Prof. Dr. W. Weizel und Dr. G. Meister, Bonn
Spektralanalyse durch Messung des Interferenz-Kontrastes
1956, 42 Seiten, DM 9,80

HEFT 335
Prof. Dr. W. Weizel und H. Hornberg, Bonn
Untersuchungen der anodischen Teile einer Glimmentladung
1957, 62 Seiten, 14 Farbabb., 21 Abb., 1 Tab., DM 32,80

HEFT 336
Dr. Tung-ping Yao, Aachen
Die Viskosität metallischer Schmelzen
1957, 64 Seiten, 28 Abb., 2 Tab., DM 14,40

HEFT 337
Dr. R. Hoeppener und Dr. W. Bierther, Bonn
Tektonik und Lagestätten im Rheinischen Schiefergebirge
in Vorbereitung

HEFT 338
*Prof. Dr.-Ing. W. Wegener, Aachen, und
Dipl.-Ing. J. Schneider, M.-Gladbach*
Die Bedeutung der Knotenart für die Herabminderung der Fadenbrüche
1957, 40 Seiten, 6 Abb., DM 9,80

HEFT 339
*Prof. Dr.-Ing. W. Wegener und
Dipl.-Ing. W. Zahn, Aachen*
Vergleich des normalen mit verschiedenen abgekürzten Baumwollspinnverfahren in bezug auf Gleichmäßigkeit und Sortierungsstreuung der Garne
1956, 56 Seiten, 17 Abb., 17 Tabellen, DM 12,70

HEFT 340
Dipl.-Ing. W. Rohs und Dipl.-Ing. R. Otto, Bielefeld
Das Naßspinnen von Bastfasergarnen mit Spinnbadzusatzen unter Ausnutzung einer zentralen Spinnwasserversorgungsanlage
1956, 56 Seiten, 2 Abb., 6 Tabellen, DM 11,60

HEFT 341
*Prof. Dr.-Ing. H. Winterhager und Dipl.-Ing. L. Werner,
Aachen*
Präzisions-Meßverfahren zur Bestimmung des elektrischen Leitvermögens geschmolzener Salze
1956, 44 Seiten, 19 Abb., 1 Tabelle, DM 10,60

HEFT 342
*Prof. Dr.-Ing. H. Winterhager und Dipl.-Ing. W. Barthel,
Aachen*
Die Gewinnung von Titanschlackenkonzentraten aus eisenreichen Ilmeniten
1957, 60 Seiten, 30 Abb., 6 Tab., DM 13,30

HEFT 343
*Prof. Dr.-Ing. W. Petersen, Aachen, und Dipl.-Ing.
S. Wawroschek, Aachen*
Die zweckmäßigsten Gütebestimmungsverfahren und Brikettierungsbedingungen bei der Erzeugung von Braunkohlen-Eisenerz-Briketts
1956, 64 Seiten, 28 Abb., DM 13,95

HEFT 344
Prof. Dr.-Ing. W. Fucks, Aachen
Zur Deutung einfachster mathematischer Sprachcharakteristiken
1956, 38 Seiten, 12 Abb., DM 7,80

HEFT 345
Dipl.-Ing. G. Cerbe und Dipl.-Ing. H. Monstadt, Essen
Konvektive Trocknung mit gasbeheizter Luft und Trocknung durch Gasstrahler
1957, 46 Seiten, 16 Abb., DM 10,40

HEFT 346
Dipl.-Ing. O. Arnold, Aachen
Erfahrungen mit Kernbohrungen zur Lagerstattenuntersuchung im Erzbergbau
1957, 36 Seiten, 2 Abb., 3 Falttaf. 6 Tab., DM 8,80

HEFT 347
S. Ruff, F. Kipp, H. Hansteen und G. Müller, Bonn
Untersuchungen zur Frage der Gehörschädigungen des fliegenden Personals der Propellerflugzeuge
1957, 50 Seiten, 27 Abb., 3 Tab., DM 11,10

HEFT 348
*Prof. Dr.-Ing. E. Piwowarsky
und Dr.-Ing. E. G. Nickel, Aachen*
Metallurgie eines hochwertigen Gußeisens mit kompakter bis kugelförmiger Graphitausbildung
1957, 54 Seiten, 27 Abb., 5 Tab., DM 13,30

HEFT 349
*Dr.-Ing. W. A. Fischer, Dr.-Ing. H. Treppschuh
und Dr.-Ing. K. H. Köthemann, Düsseldorf*
Tiegel aus Schmelzmagnesia für Vakuuminduktionsöfen
1957, 34 Seiten, 14 Abb. DM 8,40

HEFT 350
*Prof. Dr.-Ing. habil. K. Krekeler
und Dr.-Ing. H. Peukert, Aachen*
Das Spannungsverhalten der Kunststoffe bei der Verarbeitung
in Vorbereitung

HEFT 351
*Prof. Dr.-Ing. H. Opitz, Dipl.-Ing. H. Axer und
Dipl.-Ing. H. Rhode, Aachen*
Zerspanbarkeit hochwarmfester und nichtrostender Stähle. Teil I
1957, 96 Seiten, 73 Abb., 2 Tab., DM 21,80

HEFT 352
Dipl.-Ing. H. Fauser, Aachen
Fahrdynamik und Batterie-Arbeitsverbrauch von Akkumulatorenlokomotiven im Untertagebetrieb
in Vorbereitung

HEFT 353
Forschungsinstitut für Rationalisierung, Aachen
Schlagwortregister zur Rationalisierung
1957, 376 S., DM 56,—

HEFT 354
Dipl.-Ing. D. Wagener, Aachen
Auswirkungen neuer Gaserzeugungs-Verfahren unter Berücksichtigung der Auswirkung auf den Kokereibetrieb
in Vorbereitung

HEFT 355
*Prof. Dr.-Ing. habil. K. Krekeler, Dr.-Ing. H. Peukert und
Dipl.-Ing. A. Kleine-Albers, Aachen*
Heißgas-Schweißungen von Weich-Polyvinylchlorid mit Zusatzwerkstoff
in Vorbereitung

HEFT 356
Dipl.-Phys. G. Gurke, Aachen
Aufbau einer Meßanlage für Untersuchungen elektrischer Gasentladung im Bereiche großer p. d.-Werte
1956, 38 Seiten, 13 Abb., DM 8,65

HEFT 357
Prof. Dr.-Ing. W. Fucks, Aachen
Mathematische Analyse der Formalstruktur von Musik
in Vorbereitung

HEFT 358
*Prof. Dr. rer. nat. W. Weltzien, Dipl.-Chem. P. Ringel
und Text.-Ing. H. Kirchhoff, Krefeld*
Die Waschechtheit von Färbungen. Vergleichende Untersuchungen auf dem Gebiete der Echtheitsprüfung
in Vorbereitung

HEFT 359
Dr.-Ing. F. J. Meister, Düsseldorf
Veränderung der Hörschärfe, Lautheitsempfindung und Sprachaufnahme wahrend des Arbeitsprozesses bei Larmarbeitern
1957, 84 Seiten, 11 Abb., 1 Tab., 40 Audiogramme, 40 Tab., DM 19,90

HEFT 360
Dr.-Ing. E. Barz, Remscheid
Fertigungsverfahren und Spannungsverlauf bei Kreissägeblättern für Holz
1957, 72 Seiten, 40 Abb., DM 17,—

HEFT 361
Dipl.-Ing. H. F. Klein, Aachen
Die nichtstationären Strömungsvorgänge und der Warmeübergang in einem Schwingfeuergerät
in Vorbereitung

HEFT 362
*Prof. Dr. med. G. Lehmann und Dipl.-Phys.
D. Dieckmann, Dortmund*
Die Wirkung mechanischer Schwingungen (0,5 bis 100 Hertz) auf den Menschen
1957, 100 Seiten, 53 Abb., 6 Tab., DM 22,50

WESTDEUTSCHER VERLAG · KÖLN UND OPLADEN

HEFT 363
Dr.-Ing. U. Domm, Frankenthal (Pfalz)
Über eine Hypothese, die den Mechanismus der Turbulenz-Entstehung betrifft
1956, 28 Seiten, 4 Abb., DM 6,45

HEFT 364
Prof. Dr. Th. Beste, Köln
Die Mehrkosten bei der Herstellung ungängiger Erzeugnisse im Vergleich zur Herstellung vereinheitlichter Erzeugnisse
in Vorbereitung

HEFT 365
Sozialforschungsstelle an der Universität Münster, Dortmund
Standort und Wohnort
in Vorbereitung

HEFT 366
Versuchsanstalt für Binnenschiffbau e. V., Duisburg
Bei Flachwasserfahrten durch die Strömungsverteilung am Boden und an den Seiten stattfindende Beeinflussung des Reibungswiderstandes von Schiffen
1957, 96 Seiten, 39 Abb., 28 Tab., DM 20,40

HEFT 367
Dr. rer. nat. D. Horstmann, Düsseldorf
Der Angriff eisengesättigter Zinkschmelzen auf kohlenstoff-, schwefel- und phosphorhaltiges Eisen
1957, 52 Seiten, 22 Abb., 6 Tab., DM 12,85

HEFT 368
Prof. Dr. phil. H. Kaiser, Dortmund
Entwicklung betriebsmäßiger spektrochemischer Analysenverfahren für technische Gläser
1957, 40 Seiten, 11 Abb., DM 9,10

HEFT 369
Prof. Dr.-Ing. R. Jaeckel und Dipl.-Phys. F. J. Schittko, Bonn
Gasabgabe von Werkstoffen ins Vakuum
in Vorbereitung

HEFT 370
Dr. phil. habil. F. Schwarz, Köln
Physikochemische Grundlagen der Bildsamkeit von Kalken unter Einbeziehung des Begriffes der aktiven Oberfläche
in Vorbereitung

HEFT 371
Dr. phil. W. Lejeune, Köln
Beitrag zur statistischen Verifikation der Minderheiten-Theorie
in Vorbereitung

HEFT 372
Prof. Dr. phil. M. von Stackelberg, Bonn
Untersuchungen zur Ausarbeitung und Verbesserung von polarographischen Analysenmethoden. 2. Bericht
1957, 44 Seiten, 9 Abb., 7 Tab., DM 10,10

HEFT 373
Dipl.-Ing. H. J. Koch, Essen
Druckgasfeuerung — ein Verfahren zum Betrieb von Gasfeuerstätten
1957, 38 Seiten, 8 Abb., 10 Tab., DM 8,50

HEFT 374
Dr. E. Paproth, Krefeld
Paläontologische Bearbeitung der in den devonischen Schichten des Siegerlandes enthaltenen Faunen
1957, 38 Seiten, 3 Tab., DM 8,30

HEFT 375
Technischer Überwachungsverein e. V., Essen
Wanddickenmessungen mittels radioaktiver Strahlen und Zählrohrgerät
in Vorbereitung

HEFT 376
Technischer Überwachungsverein e. V., Essen
Wasserumlaufprobleme an Hochdruckkesseln
in Vorbereitung

HEFT 377
Technischer Überwachungsverein e. V., Essen
Versuche an Wanderrostkesseln mit befeuchteter Verbrennungsluft
in Vorbereitung

HEFT 378
Oberingenieur H. Stein, M.-Gladbach
Beobachtung und maßtechnische Erfassung der Vorgänge im Spinn- und Aufwindefeld von Ringspinn- und Ringzwirnmaschinen
in Vorbereitung

HEFT 379
Laboratorium für textile Meßtechnik, M.-Gladbach
Schußfadenspannung beim Weben
in Vorbereitung

HEFT 380
Dipl.-Phys. R. Trappenberg, Karlsruhe
Theoretische und experimentelle Untersuchungen zur Staubverteilung einer Rauchfahne
in Vorbereitung

HEFT 381
Dr. J. Juils, Krefeld
Zur Dichtebestimmung von Fasern. Methoden und Beispiele der praktischen Anwendung
in Vorbereitung

HEFT 382
Dr. phil. habil. P. Hölemann, Ing. R. Hasselmann und Ing. G. Dix, Dortmund
Die Messung von Flammen und Detonationsgeschwindigkeiten bei der explosiven Zersetzung von Acetylen in Rohren
1957, 36 Seiten, 7 Abb., 4 Tab., DM 8,10

HEFT 383
Dr. phil. habil. P. Hölemann und Ing. R. Hasselmann, Dortmund
Verlauf von Azetylenexplosionen in Rohren bei Gegenwart von porösen Massen
in Vorbereitung

HEFT 384
Prof. Dr.-Ing. H. Opitz, Aachen
Schwingungsuntersuchungen an Werkzeugmaschinen
in Vorbereitung

HEFT 385
Prof. Dr.-Ing. H. Opitz, Aachen
Zerspanbarkeit hochwarmfester und nichtrostender Stähle. Teil II
in Vorbereitung

HEFT 386
Prof. Dr.-Ing. H. Opitz, Aachen
Standzeituntersuchungen und Verschleißmessungen mit radioaktiven Isotopen
in Vorbereitung

HEFT 387
Prof. Dr. med. W. Kikuth und Dozent Dr. med. L. Grün, Düsseldorf
Die Verhütung von Infektion durch Desinfektion des Raumes und der Raumluft
in Vorbereitung

HEFT 388
Prof. Dr. rer. nat. habil. W. Baumeister und Dr. rer. nat. H. Burghardt, Münster
Die Bedeutung der Elemente Zink und Fluor für das Pflanzenwachstum
1957, 48 Seiten, 17 Tab. DM 10,20

HEFT 389
Prof. Dr.-Ing. habil. H. Fink und K. W. Hoppenhaus, Köln
Die biologische Eiweiß-Synthese von höheren und niederen Pilzen und die alimentäre Lebernekrose der Ratte
1957, 76 Seiten, 2 Abb., 24 Tab., DM 15,60

HEFT 390
Dr.-Ing. J. Endres und Dr.-Ing. G. Hiebel, München
Berechnung der optimalen Leistungen, Kraftstoffverbräuche und Wirkungsgrade von Luftfahrt-Gasturbinen-Triebwerken am Boden und in der Höhe bei Fluggeschwindigkeiten von 0—2000 km/h und bei vorgegebenen Düsenausströmgeschwindigkeiten
in Vorbereitung

HEFT 391
Prof. Dr. phil. F. Wever, Dr. phil. W. Koch und Dipl.-Chem. F. Stricker, Düsseldorf
Die quantitative spektrographische Analyse von Gasgemischen aus Kohlenmonoxyd, Wasserstoff und Stickstoff
in Vorbereitung

HEFT 392
Prof. Dr. phil. F. Wever u. a., Düsseldorf
Untersuchungen über den Konverterrauch im Hinblick auf die spektrale Überwachung des Thomasprozesses
in Vorbereitung

HEFT 393
Dr.-Ing. O. Viertel und S. Brückner-Lucas, Krefeld
Arbeitszeitstudien an Haushaltwaschmaschinen

HEFT 394
Privatdozent Dr. med. W. Koch, Münster
Die Ablagerung radioaktiver Substanzen im Knochen
in Vorbereitung

HEFT 395
Dipl.-Ing. L. Hahn, Clausthal-Zellerfeld
Untersuchungen zur Frage des optimalen Bohrloch- und Patronendurchmessers
in Vorbereitung

HEFT 396
Prof. Dr.-Ing. F. Schultz-Grunow, Dr.-Ing. A. Jogerich, Essen, Dipl.-Ing. H. Meyer, cand. ing. P. Sand, Aachen
Untersuchungen des Luftwiderstandes von Güterwagen
in Vorbereitung

HEFT 397
Techn.-Wissenschaftliches Büro für die Bastfaserindustrie, Bielefeld
Ungleichmäßigkeiten in Bändern von Bastfaserkarden, ihre Ursachen und Auswirkungen
in Vorbereitung

HEFT 398
Prof. Dr. habil. H. E. Schwiete, Aachen, u. a.
Einlagerungsversuche an synthetischem Mullit I. — Die Zusammensetzung der Schmelzphase in Schamottesteinen I
in Vorbereitung

HEFT 399
Prof. Dr. habil. H. E. Schwiete und Dr.-Ing. R. Vinkeloe, Aachen
Möglichkeiten der quantitativen Mineralanalyse mit dem Zählrohrgerät unter besonderer Berücksichtigung der Mineralgehaltsbestimmung von Tonen
in Vorbereitung

HEFT 400
Prof. Dr. phil. W. Fuchs und Dipl.-Chem. H. Weyerstrass, Aachen
Entwicklung eines Heißfilters zur Reinigung von Gichtgas eines mit Kohle betriebenen Niederschachtofens
in Vorbereitung

HEFT 401
Prof. Dr.-Ing. M. Lipp und Dipl.-Chem. G. Frielingsdorf, Aachen
Darstellung reaktionsfähiger Verbindungen des Camphansystems und Versuche zu deren Fluorierung
1957, 84 Seiten, DM 17,—

HEFT 402
Prof. Dr. W. Linke, Aachen
Die Wärmeübertragung durch Thermopane-Fenster
in Vorbereitung

HEFT 403
Prof. Dr.-Ing. P. Denzel und Dipl.-Ing. W. Cremer Aachen
Verbesserung der Benutzungsdauer der Höchstlast in ländlichen Netzen durch Anwendung elektrischer Geräte in der Landwirtschaft
in Vorbereitung

HEFT 404
Prof. Dr. R. Jaeckel und Dipl.-Phys. F. Gross, Bonn
Die Löslichkeit von Gasen in schwerflüchtigen organischen Flüssigkeiten
in Vorbereitung

HEFT 405
Prof. Dr.-Ing. H. Opitz und Dipl.-Ing. H. Schuler, Aachen
Untersuchungen für einen Wirtschaftlichkeitsvergleich der Feinbearbeitungsverfahren
in Vorbereitung

HEFT 406
W. Kirsch, Remscheid
Entwicklungsarbeiten auf dem Gebiete des Korrosionsschutzes
in Vorbereitung

HEFT 407
Prof. Dr.-Ing. H. Schenck, Aachen, und Dr.-Ing. W. Wenzel, Bad Godesberg
Entwicklungsarbeiten auf dem Gebiete der Verhüttung von Erzstaub in Schmelzkammern
in Vorbereitung

HEFT 408
Prof. Dr. phil. F. Wever, Dr.-Ing. W. Lueg und Dr.-Ing. H. G. Müller, Düsseldorf
Kraft- und Arbeitsbedarf beim Warmscheren von Stahl in Abhängigkeit von Temperatur und Schnittgeschwindigkeit
in Vorbereitung

WESTDEUTSCHER VERLAG · KÖLN UND OPLADEN

HEFT 409
Prof. Dr. phil. F. Wever, Dr. phil. W. Koch, Dr. rer. nat. Ch. Ilschner-Gensch und Dipl.-Phys. H. Rohde, Düsseldorf
Das Auftreten eines kubischen Nitrids in aluminiumlegierten Stählen
in Vorbereitung

HEFT 410
Prof. Dr. phil. F. Wever, Prof. Dr. rer. techn. A. Kochendörfer, Dr. phil. nat. M. Hempel, Düsseldorf und Dipl.-Phys. E. Hillenhagen, Köln
Biegewechselversuche mit Flachproben aus Alpha-Eisen-Einkristallen zur Bestimmung der Wechselfestigkeit und der Gleitspuren
in Vorbereitung

HEFT 411
Prof. Dr. W. Halbsguth und Dr. L. Sommer, Franfurt/M.
Grundlegende Versuche zur Keimungsphysiologie von Pilzsporen
in Vorbereitung

HEFT 412
Prof. Dr.-Ing. H. Opitz, Aachen
Kennwerte und Leistungsbedarf für Werkzeugmaschinengetriebe
in Vorbereitung

HEFT 413
Prof. Dr.-Ing. H. Opitz, Aachen
Richtwerte für das Fräsen von unlegierten und legierten Baustählen mit Hartmetall, Teil II
in Vorbereitung

HEFT 414
Dr. med. H. K. Parchwitz und Dr. med. C. Winkler, Bonn
Speicherung organischer Farbstoffe und künstlich radioaktiver Substanzen in Geschwülsten
in Vorbereitung

HEFT 415
Prof. Dr.-Ing. W. Paul, Dr. rer. nat. O. Osberghaus und Dipl.-Phys. E. Fischer, Bonn
Ein Ionenkäfig
in Vorbereitung

HEFT 416
Oberreg.-Gewerberat Dipl.-Ing. G. Steinicke, Hamburg
Die Wirkung von Lärm auf den Schlaf des Menschen
in Vorbereitung

HEFT 417
Prof. Dr.-Ing. habil. E. Rößger, Berlin
I. Teil: Die Entwicklung des Weltluftverkehrs, Ergänzungsbericht 1954
II. Teil: Die zivile Luftfahrtpolitik der USA
1957, 230 Seiten, 6 Abb., 83 Tab., DM 48,—

HEFT 418
O. Gdaniec, Mülheim/Ruhr
Über die Randlochkarte als Hilfsmittel in der Dokumentation
1957, 44 Seiten, 15 Abb., 8 Tab., DM 10,10

HEFT 419
K. Brooks
Die Messungen der Reflexionseigenschaften künstlicher und natürlicher Materialien mit quasi-optischen Methoden bei Mikrowellen
in Vorbereitung

HEFT 420
M. Vogel
Das Spektralgebiet zwischen dem langwelligen Ultrarot und Mikrowellen
in Vorbereitung

HEFT 421
ORR Dipl.-Volkswirt Dr. H. Rogmann, Düsseldorf
Die Erforschung der Verkehrskonjunktur und der langzeitigen Dynamik in der Verkehrswirtschaft (Zusammenfassung der eingegangenen Stellungnahmen und Vorschläge)
1957, 168 Seiten, 3 Tab., DM 26,60

HEFT 422
Prof. Dr.-Ing. K. Leist und Dipl.-Ing. W. Dettmering, Aachen
Prüfstände zur Messung der Druckverteilung an rotierenden Schaufeln
in Vorbereitung

HEFT 423
Prof. Dr.-Ing. K. Leist und Dr.-Ing. O. Thun, Aachen
Strömungsmessungen über Brennkammer-Wirkungsgrade
in Vorbereitung

HEFT 424
Prof. Dr.-Ing. K. Leist und Dipl.-Ing. I. Weber, Aachen
Spannungsoptische Untersuchungen von rotierenden Scheiben mit exzentrischen Bohrungen
in Vorbereitung

HEFT 425
Dipl.-Ing. H. Lübke, Hamburg
Gasturbinen und Strahlantriebe für Hubschrauber
in Vorbereitung

HEFT 426
Prof. Dr.-Ing. H. Opitz und Dipl.-Ing. W. Scholz, Aachen
Untersuchungen über den Räumvorgang
1957, 74 Seiten, 36 Abb., 7 Tab., DM 16,55

HEFT 427
Dr.-Ing. J. Endres, München
Kinematische Untersuchung eines Zweitakt-Hochleistungs-Dieseltriebwerks mit achsparallelen Zylindern und gegenläufigen Kolben
in Vorbereitung

HEFT 428
Dr.-Ing. J. Endres, München
Untersuchungen der Beschleunigungsverhältnisse eines Zweitakt-Hochleistungs-Dieseltriebwerks mit achsparallelen Zylindern und gegenläufigen Kolben
in Vorbereitung

HEFT 429
Prof. Dr. O. Kuhn, Köln
Selektive Wirkung verschiedener Stoffgruppen auf tierische Gewebe
1957, 54 Seiten, 32 Abb., DM 13,15

HEFT 430
Prof. Dr. G. Garbotz, Aachen und Dr.-Ing. G. Dress, Cadiz
Untersuchungen über das Kräftespiel an Flachbagger-Schneidwerkzeugen in Mittelsand und schwach bindigem, sandigem Schluff unter besonderer Berücksichtigung der Planierschilde und ebenen Schürfkübelschneiden
in Vorbereitung

HEFT 431
Prof. Dr.-Ing. H. Winterhager, Dr.-Ing. R. Kammel und Dipl.-Ing. W. Barthel, Aachen
Fortschritte auf dem Gebiet der Titanmetallurgie 1950—1955
in Vorbereitung

HEFT 432
Dipl.-Phys. R. Werz, Bonn
Die Entwicklung einer Synchrozyklotron-Ionenquelle
in Vorbereitung

HEFT 433
Dr.-Ing. G. Satlow, Aachen
Über einige physikalische und chemische Eigenschaften der Wolle von der gewaschenen Wolle bis zum Kammzug
1957, 72 Seiten, 15 Abb., 19 Tab., DM 15,25

HEFT 434
Dipl.-Ing. W. Rohs und Dr. J. Geurten, Bielefeld
Schlichten für Baumwollgarne
in Vorbereitung

HEFT 435
Dipl.-Ing. W. Rohs und Dipl.-Ing. L. Steinmetz, Bielefeld
Die Masseungleichmäßigkeit von Flachstreckenbändern in Abhängigkeit von Verzug und Dopplung
in Vorbereitung

HEFT 436
Priv.-Doz. Dr. habil. J. Juilfs, Krefeld
Zur Bestimmung der Reißlast (Zugfestigkeit) von Fasern, Fäden und Garnen
in Vorbereitung

HEFT 437
Prof. Dr. G. Schmölders und Dr. I. Meyer, Köln
Geldwertbewußtsein und Münzpolitik. — Das sogenannte Gresham'sche Gesetz im Lichte der ökonomischen Verhaltensforschung
in Vorbereitung

HEFT 438
Prof. Dr.-Ing. H. Winterhager und Dr.-Ing. L. Werner, Aachen
Bestimmung des elektrischen Leitvermögens geschmolzener Fluoride
in Vorbereitung

HEFT 439
Prof. Dr. phil. H. Lange, Köln und Dr. rer. nat. R. Kohlhaas, Neuß/Rh.
Anwendung der thermomagnetischen Analyse zum Studium des Umwandlungsverhaltens von Eisenwerkstoffen im Temperaturbereich von —150° C bis +150°C
in Vorbereitung

HEFT 440
Dr.-Ing. H. Wolf, Aachen
Gekoppelte Hochfrequenzleitungen als Richtkoppler
in Vorbereitung

HEFT 441
Dr. phil. habil. P. Hölemann und Ing. R. Hasselmann, Düsseldorf
Messung des Temperatur- und Druckverlaufes beim Füllen und Entspannen von Dissousgas
1957, 52 Seiten, 6 Abb., 7 Tab., DM 11,25

HEFT 442
Dipl.-Ing. W. Rohs, Text.-Ing. Griese und Text.-Ing. W. Lauer, Bielefeld
Die Auswirkungen der Trocknungsart naßgesponnener Leinengarne auf deren Verarbeitungswirkungsgrad sowie auf die Festigkeits- und Dehnungseigenschaften der Garne und Gewebe
1957, 28 Seiten, 2 Abb., 3 Tab., DM 6,50

HEFT 443
Prof. Dr. phil. W. Weizel und K. Kluth, Bonn
Über die Struktur der positiven Gleitentladungen
in Vorbereitung

HEFT 444
Dr.-Ing. W. Wilhelm, Aachen
Einfluß der Saugrohrabmessung, der Einlaßsteuerlage und der Größe des Kurbelkastenvolumens auf den Ladungswechsel eines Einzylinder-Zweitakt-Dieselmotors
in Vorbereitung

HEFT 445
Dr.-Ing. E. Barz, Remscheid
Fertigungs- und Prüfverfahren für Feilen
vergriffen

HEFT 446
Dr. med. G. Schäfer
Glutationsstoffwechsel und Sauerstoffmangel
in Vorbereitung

HEFT 447
Prof. Dr.-Ing. F. Bollenrath, Aachen, Dr.-Ing. H. Füllenbach, Seesen/Harz und Dipl.-Ing. J. Schumacher, Neubeckum/Westf.
Entwicklung rationell arbeitender Spritzkabinen
in Vorbereitung

HEFT 448
Dr. med. C. Winkler, Bonn
Ein Koinzidenz-Szintillometer zum Zwecke der Schilddrüsenfunktionsdiagnostik und der Tumordiagnostik
in Vorbereitung

HEFT 449
Priv.-Doz. Oberbaurat Dr.-Ing. W. Meyer zur Capellen und Mitarbeiter, Aachen
Bewegungsverhältnisse an der geschränkten Schubkurbel
in Vorbereitung

HEFT 450
Prof. Dr.-Ing. W. Paul, Bonn und Dipl.-Phys. H. P. Reinhard, M.-Gladbach
Das elektrische Massenfilter als Isotopentrenner
in Vorbereitung

HEFT 451
Prof. Dr. G. Schmölders, Köln
Rationalisierung und Steuersystem
in Vorbereitung

HEFT 452
Prof. Dr. rer. nat. W. Weltzien und Dr. phil. K. Windeck, Krefeld
Veränderungen an Fasern bei der Bleiche mit Natriumchlorid und über einige Vergilbungserscheinungen
in Vorbereitung

HEFT 453
Forschungsinstitut der Feuerfest-Industrie, Bonn
Die Arbeiten der technisch-wissenschaftlichen Kommission der PRE (Vereinigung der europäischen Feuerfest-Industrie)
in Vorbereitung

HEFT 454
Dr.-Ing. W. Piepenburg, Dipl.-Ing. B. Bühling und Bauing. J. Behnke, Köln
Haftfestigkeit der Putzmörtel
in Vorbereitung

HEFT 455
Dr.-Ing. W. A. Fischer, Dr.-Ing. H. Treppschuh und Dipl.-Phys. K. H. Köthemann, Düsseldorf
Erschmelzung von Reinsteisen nach dem Kohlenstoffproduktionsverfahren und Kerbschlagzähigkeit-Temperatur-Kurven dieses Eisens
in Vorbereitung

HEFT 456
Priv.-Doz. Dir. Dr.-Ing. K. Bungardt, Essen
Zeitstandversuche an austenitischen Stählen und Legierungen
in Vorbereitung

HEFT 457
Prof. Dr. phil. F. Wever, Düsseldorf und Dr. phil. W. Wepner, Köln
Dämpfungsmessungen an schwach gereckten Eisen-Kohlenstoff-Legierungen
in Vorbereitung

HEFT 458
Prof. Dr.-Ing. H. Schenck und Dr.-Ing. E. Schmidtmann, Aachen
Das Frischen von Thomas-Roheisen mit Sauerstoff-Wasserdampf-Gemischen und die Eigenschaften der damit erblasenen Stähle
in Vorbereitung

HEFT 459
Prof. Dr. phil. F. Wever, Dr. phil. O. Krisement und Hanna Schädler, Düsseldorf
Ein isothermes Mikrokalorimeter zur kinetischen Messung von Umwandlungs- und Ausscheidungsvorgangen in Legierungen
in Vorbereitung

HEFT 460
Prof. Dr. phil. F. Wever und Dr. rer. nat. B. Ilschner, Düsseldorf
Ein isothermes Losungskalorimeter zur Bestimmung thermo-dynamischer Zustandsgroßen von Legierungen
in Vorbereitung

HEFT 461
Prof. Dr.-Ing. habil. E. Piwowarski †, Prof. Dr.-Ing. W. Patterson und Dipl.-Ing. F. W. Iske, Aachen
Verbesserung der Zähigkeitseigenschaften von Bessemer-Stahlguß
in Vorbereitung

HEFT 462
Prof. Dr. rer. nat. J. Weissinger
Zur Aerodynamik des Ringflügels — II. Die Ruderwirkung
Zur Aerodynamik des Ringflügels — III. Der Einfluß der Profildicken
in Vorbereitung

HEFT 463
Dipl.-Ing. G. Plüss, Essen-Steele
Die Aufteilung der verbrennlichen Bestandteile in Verbrennungsgasen auf CO und H_2 bei Verbrennung mit Luftunterschuß und bei Luftüberschuß und künstlicher Flammenkühlung
in Vorbereitung

HEFT 464
Dr. phil. habil. P. Hölemann und Ing. R. Hasselmann, Dortmund
Die Möglichkeit der Zündung von Acetylen in Rohrleitungen beim Ausbleiben mit Stickstoff
in Vorbereitung

HEFT 465
Dr.-Ing. R. Koch, Köln
Amerikanische Fertigungsunterlagen und ihre Werkstattreifmachung für deutsche Betriebe
in Vorbereitung

HEFT 466
Prof. Dr.-Ing. J. Mathieu, Aachen
Überbetrieblicher Verfahrensvergleich
in Vorbereitung

HEFT 467
Prof. Dr. Dr. h. c. E. Klenk und Dr. phil. H. Faillard, Köln
Neue Erkenntnisse über den Mechanismus der Zellinfektion durch Influenzavirus
Die Bedeutung der Neuraminsäure als Zellreceptor für das Influenzavirus
in Vorbereitung

HEFT 468
Prof. Dr. med. Dr. med. dent. G. Korkhaus und Dr. med. R. Alfter, Bonn
Die Vakuumwurzelbehandlung
in Vorbereitung

HEFT 469
Dr. sc. agr. F. Riemann und Dipl.-Volksw. R. Hengstenberg, Göttingen
Zur Industrialisierung kleinbäuerlicher Räume
1957, 130 Seiten, 5 Karten, 23 Tab., DM 27,—

HEFT 470
O. Wehrmann
Hitzdrahtmessungen in einer aufgespaltenen Kármánschen Wirbelstraße
in Vorbereitung

HEFT 471
Prof. Dr. phil. habil. A. Naumann, Dr.-Ing. A. Heyser und Dr. phil. Dipl.-Ing. W. Trommsdorf, Aachen
Der Überdruck-Windkanal in Aachen
in Vorbereitung

HEFT 472
Dipl.-Ing. A. Freitag, Essen-Steele
Verhalten von Katalytstrahlern bei Betrieb mit Luftvormischung zum Gas und der Verbrennung von Luft gegen eine Gasatmosphäre
in Vorbereitung

HEFT 473
Prof. Dr. phil. F. Wever, Dr.-Ing. W. Lueg und Dipl.-Ing. P. Funke jr. Düsseldorf
Versuche an einer hydraulischen 25 t-Stangenziehbank
in Vorbereitung

HEFT 474
Dr.-Ing. R. Ibing und Dipl.-Ing. G. Meier, Hannover
Eichung und Entwicklung von Staubentnahmesonden
in Vorbereitung

HEFT 475
Prof. Dipl.-Ing. W. Sturtzel, Obering. Helm und Dipl.-Ing. Heuser, Duisburg
Systematische Ruderversuche mit einem Schleppkahn und einem Binnenselbstfahrer vom Typ „Gustav Koenigs"
in Vorbereitung

HEFT 476
Prof. Dipl.-Ing. W. Sturtzel und Dipl.-Ing. Schmidt-Stiebitz, Duisburg
Einfluß der Hinterschiffsform auf das Manövrieren von Schiffen auf flachem Wasser
in Vorbereitung

HEFT 477
Dr. K. Utermann, Dortmund
Freizeitprobleme bei der männlichen Jugend einer Zechengemeinde
in Vorbereitung

HEFT 478
Prof. Dr.-Ing. habil. W. Petersen und Dr.-Ing. S. Wawroschek, Aachen
Brikettierungsversuche zur Erzeugung von Möllerbriketts unter Verwendung von Braunkohle
in Vorbereitung

HEFT 479
Prof. Dr.-Ing. W. Wegener, Aachen und Dipl.-Ing. H. Fourné, Bochum
Ursachen des Überschreitens der Toleranzgrenze nach oben oder unten (Meter pro Gramm) an der Strecke
in Vorbereitung

HEFT 480
Dr. phil. K. Brucker-Steinkuhl, Düsseldorf
Anwendung mathematisch-statistischer Verfahren bei der Fabrikationsüberwachung
in Vorbereitung

HEFT 481
Oberbaurat Dr.-Ing. W. Meyer zur Capellen, Aachen
Fünf- und sechspunktige Geradführung in Sonderlagen des ebenen Gelenkvierecks
in Vorbereitung

HEFT 482
Dipl.-Ing. R. Pels-Leusden und Dr. K. Bergmann, Essen
Die Frostbeständigkeit von Ziegeln; Einflüsse der Materialzusammensetzung und des Brandes
in Vorbereitung

HEFT 483
Prof. Dr.-Ing. habil. F. A. F. Schmidt, Aachen
Gemischbildungs-, Selbstzündungs- und Verbrennungsvorgänge als Grundlage für Entwicklungsarbeiten an Gasturbinenbrennkammern
in Vorbereitung

HEFT 484
Prof. Dr. habil H. E. Schwiete und Dr. G. Schwiete, Aachen
Beitrag zur Struktur des Montmorillonit
in Vorbereitung

HEFT 485
Prof. Dr. phil. E. Jenckel, Aachen, Dr. H. Wilsing, Dormagen, Dr. H. Dörffurt, Wesseling/Bez. Köln und Dipl.-Phys. H. Rinkens, Eschweiler
Kristallisation und Hochpolymeren
in Vorbereitung

HEFT 486
Doz. Dr. med. E. Lerche und Dr. med. J. Schulze, Aachen
Hörermüdung und Adaptation im Tierexperiment
in Vorbereitung

HEFT 487
Prof. Dipl.-Ing. W. Blume, Duisburg
Festigkeitseigenschaften kombinierter Leichtbaustoffe im Hinblick auf die Verkehrstechnik, insbesondere des Flugzeugbaus
in Vorbereitung

WESTDEUTSCHER VERLAG · KÖLN UND OPLADEN

If you have any concerns about our products,
you can contact us on
ProductSafety@springernature.com

In case Publisher is established outside the EU,
the EU authorized representative is:
**Springer Nature Customer Service Center GmbH
Europaplatz 3, 69115 Heidelberg, Germany**

Printed by Libri Plureos GmbH
in Hamburg, Germany